Gerenciamento de Dispositivos Móveis e Serviços de Telecom

Estratégias de marketing, mobilidade e comunicação

Preencha a **ficha de cadastro** no final deste livro e receba gratuitamente informações sobre os lançamentos e promoções da Elsevier.

Consulte também nosso catálogo completo, últimos lançamentos e serviços exclusivos no site
www.elsevier.com.br

Gerenciamento de Dispositivos Móveis e Serviços de Telecom

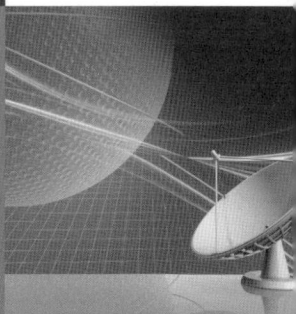

Estratégias de marketing, mobilidade e comunicação

Roberto Dariva

ELSEVIER

CAMPUS

© 2011, Elsevier Editora Ltda.

Todos os direitos reservados e protegidos pela Lei nº 9.610, de 19/02/1998.
Nenhuma parte deste livro, sem autorização prévia por escrito da editora, poderá ser reproduzida ou transmitida sejam quais forem os meios empregados: eletrônicos, mecânicos, fotográficos, gravação ou quaisquer outros.

Preparação de texto: Márcia Duarte
Revisão: Heraldo Vaz
Editoração eletrônica: S4 Editorial Ltda. ME.

Elsevier Editora Ltda.
Conhecimento sem Fronteiras
Rua Sete de Setembro, 111 – 16º andar
20050-006 – Centro – Rio de Janeiro – RJ – Brasil

Rua Quintana, 753 – 8º andar
04569-011 – Brooklin – São Paulo – SP – Brasil

Serviço de Atendimento ao Cliente
0800-0265340
sac@elsevier.com.br

ISBN 978-85-352-4814-2

Nota: Muito zelo e técnica foram empregados na edição desta obra. No entanto, podem ocorrer erros de digitação, impressão ou dúvida conceitual. Em qualquer das hipóteses, solicitamos a comunicação ao nosso Serviço de Atendimento ao Cliente, para que possamos esclarecer ou encaminhar a questão.
Nem a editora nem o autor assumem qualquer responsabilidade por eventuais danos ou perdas a pessoas ou bens, originados do uso desta publicação.

CIP-Brasil. Catalogação na fonte.
Sindicato Nacional dos Editores de Livros, RJ

D233g

Dariva, Roberto
Gerenciamento de dispositivos móveis e serviços de Telecom: estratégias de marketing, mobilidade e comunicação / Roberto Dariva. – Rio de Janeiro : Elsevier, 2011.

Apêndice
ISBN 978-85-352-4814-2

1. Sistemas de comunicação móvel. 2. Sistemas de comunicação sem fio. 3. Telecomunicações - Brasil - Custos. I. Título.

11-3079.   CDD: 384
                                                                                                  CDU: 654

A minha esposa, Nina, e filhas, Duda e Bella,
que aceitaram minha ausência para escrever este livro.

Agradeço a todos que me ajudaram neste livro: meus sócios Fabio e Paulo, a equipe de marketing e todo o time da Navita. Agradeço também a Miguel Perrotti pela carta de apresentação e a João Carlos da Cunha Jr., pelo guia de boas práticas de MDM.

Apresentação

"Não é porque é novo que tem de ser amador! E se juntarmos paixão, inteligência e inovação verão que realmente estamos diante de um vencedor."

Quando conheci o Roberto sabia que estava diante de um vencedor. Não falo apenas sob o aspecto profissional ou empreendedor, mas refiro-me ao indivíduo inteligente e único, capaz de mudar o caminho de muita gente e de surpreender constantemente.

Estávamos no ano de 2008 quando recebi a visita do Roberto e de seu sócio Fábio. Comparo estes dois com os jovens "inventores de tendências", "California Guys", do Vale do Silício. Fiquei bastante impressionado com suas ideias e visão de futuro em uma área em que muito se falava, mas se via pouco resultado.

"Não é porque é novo que tem de ser amador!" – este foi um dos argumentos que nos fizerem investir em sua empresa. Nosso fundo de investimento de capital empreendedor está sempre em busca de empresas jovens, focadas em inovação e com o objetivo de crescer e ser as maiores e, por que não, as melhores em escala mundial.

Sua empresa, a Navita, e este livro ajudam a entender o panorama real das necessidades do mercado atual de mobilidade, seus problemas e desafios, e como se pode entregar um serviço de alta qualidade junto às corporações e seus usuários com alto valor agregado.

Segundo ele, "a mobilidade chegou muito depressa às empresas e as áreas responsáveis não tiveram tempo de planejar, estruturar e controlar o uso de seus dispositivos móveis". "A 'mobilidade corporativa' foi surgindo à medida que um diretor chegava com um novo smartphone ou um tablet..." – é incrível como já sentimos que os novíssimos smartphones parecem coisa do passado! "A área técnica tinha de sair rapidamente em busca de soluções para evitar problemas de segurança e, na prática, ficava sem tempo para estruturar, organizar e planejar a gestão da mobilidade e dos novos serviços de telecom."

Roberto prevê que, se sua empresa já conseguiu profissionalizar um pouco a situação, agora é hora de ir fundo na gestão e agregação de serviços e aplicações de alta qualidade para usuários de alto valor. São estratégias para implantar o gerenciamento de mobilidade e telecom com sucesso em uma empresa, seja ela pequena, média ou multinacional.

O livro apresenta alguns dados sobre o mercado e suas tendências, além de analisar o mercado de aplicativos móveis e de publicidade ou

"mobile advertisement". Para aplicativos, são avaliados os principais tipos: foco consumidor, corporativo e corporativo para consumidor, que chamamos de B2B2C (Business to Business to Consumer). É explorado também o gerenciamento de dispositivos móveis ou Mobile Device Management (MDM) e todas suas vertentes. Como tudo isso ainda é algo relativamente novo, muitas empresas não sabem por onde começar.

Roberto afirma que não precisa ter bola de cristal para saber que as empresas que não tiverem controle sobre os acessos móveis para seus sistemas, ou não puderem apagar informações em dispositivos perdidos ou roubados, não terão como impedir prejuízos homéricos para suas organizações.

As sugestões e dicas deste livro ajudarão o leitor a estruturar suas ideias sobre mobilidade, obtendo resultados com um alto nível de serviço, além de se familiarizarem com expressões e siglas como: MDM, OTA, ERB, LPDA, MVNO, TEM, SGT, entre outros.

Não é porque é novo que tem de ser amador! E se juntarmos paixão, inteligência e inovação verão que realmente estamos diante de um vencedor.

Miguel Perrotti

PREFÁCIO

“A mobilidade chegou muito depressa às empresas e as áreas responsáveis não tiveram tempo de planejar, se estruturar e controlar o uso de dispositivos móveis.”

Hoje, nas empresas, mobilidade se funde com serviços de telecomunicações (também chamados "telecom"), e administrar isso tudo é tarefa árdua e difícil. Árdua porque, em geral, se passa o tempo todo resolvendo problemas, e difícil porque tudo no mundo *mobile* muda muito rapidamente, além de os usuários quererem trocar seus dispositivos móveis com frequência.

A mobilidade chegou muito depressa às empresas, e as áreas responsáveis não tiveram tempo de planejar, se estruturar e controlar o uso de dispositivos móveis. A "mobilidade corporativa" foi surgindo à medida que um diretor chegava com um novo smartphone ou um tablet e pedia para configurar seus e-mails. A área técnica tinha de sair rapidamente em busca de soluções para evitar problemas de segurança e, na prática, em vez de uma estruturação e um planejamento benfeitos terem ocorrido antes da chegada dos dispositivos móveis, acabou acontecendo de os responsáveis pela sua administração mergulharem na situação real e passarem a resolver problemas, ficando sem tempo para estruturar e planejar a gestão da mobilidade e dos novos serviços de telecom. Se sua empresa ainda está nessa fase, já está mais do que na hora de organizar tudo isso. Se já conseguiu profissionalizar um pouco a situação, agora é hora de ir fundo nessa gestão. E este livro ajuda a entender o panorama real da situação e a evitar problemas, para que se possa entregar um serviço de alta qualidade a usuários de alto valor.

Uma série de pontos relevantes é apresentada neste livro, assim como estratégias para implantar gerenciamento de mobilidade e telecom com sucesso em uma empresa, seja ela pequena, média ou multinacional. Na introdução, alguns dados coletados no final de 2010 sobre o mercado e as tendências. Nesse momento, estávamos vivendo o *boom* do mercado de tablets. Na imprensa, só se falava disso, e até os novíssimos smartphones pareciam coisa do passado.

O livro analisa o mercado de aplicativos móveis e de publicidade móvel ou *mobile advertisement*. Para aplicativos, avaliamos os principais tipos: foco consumidor, corporativo e corporativo para consumidor, que chamamos de B2B2C (*Business to Business to Consumer*).

Aqui, ainda exploramos bem o gerenciamento de dispositivos móveis ou *Mobile Device Management* (MDM) e todas as suas disciplinas. Como isso ainda é algo relativamente novo, muitas empresas não sabem por onde começar. As sugestões e dicas ajudarão o leitor a estruturar a mobilidade em sua empresa, obtendo os melhores resultados, com um alto nível de serviço. Não é porque é novo que tem de ser amador!

E no Capítulo 4 abordamos o tema gestão de custos de telecom ou *Telecom Expense Management (TEM)*, desde a avaliação e renegociação de contratos, passando pela recuperação de contas e chegando à Gestão do Uso, que é o ponto mais importante para ser explorado de forma inteligente.

Procuramos ser bem objetivos e não tornar esta leitura maçante com exemplos repetitivos. Esse é o principal motivo que nos faz desistir da leitura de alguns livros antes de chegar na metade. A maioria fica muito repetitiva e enfadonha. Temos muitos pontos a explorar. Então, vamos lá.

Boa leitura a todos e espero que gostem.

O Autor

INTRODUÇÃO

"A gestão da mobilidade corporativa estava mais próxima da administração de serviços de telecom, enquanto os aplicativos móveis estavam ligados às áreas de marketing, produtos, etc."

Decidi escrever este livro porque no final de 2010 não encontrei nenhuma obra a esse respeito que tratasse do assunto de forma prática e direta, da forma que profissionais e empresas precisam de fato. Naquela época, a mobilidade estava borbulhando nas empresas, e os gestores estavam perdidos, tentando entender e planejar sua gestão no meio de um furacão de acontecimentos e adesões. A empresa adquiria dispositivos móveis e softwares, os diretores chegavam às empresas com seus tablets pessoais e todos os usuários exigiam um serviço de altíssima qualidade. Tudo isso acontecia ao mesmo tempo, e o gestor, que não teve tempo de planejar, tentava contornar a situação e resolver os problemas, o que tomava a maior parte do seu tempo, impedindo-o de qualquer organização. Ou seja, a bagunça estava generalizada e os administradores corporativos da mobilidade nem conheciam empresas a que pudessem recorrer para assumir a gestão disso tudo. Enfim, a tarefa era difícil e a literatura não trazia nada de prático, orientado especificamente para esse novo desafio. Estava aí a minha motivação para escrever este livro.

Ao mesmo tempo em que a mobilidade invadiu as empresas, os custos de telecomunicações eram uma barreira a ser superada. A gestão da mobilidade corporativa estava mais próxima da administração de serviços de telecom, enquanto os aplicativos móveis estavam ligados às áreas de marketing, produtos, etc. O fato é que, para empresas que não possuíam ambientes de mobilidade estáveis e confiáveis, adicionar aplicativos móveis para uso interno seria como jogar líquido inflamável em uma fogueira.

Os dispositivos móveis muitas vezes eram selecionados não por decisão técnica, mas por preferência de diretores ou por disponibilidade nas operadoras. E dispositivos móveis não têm ciclo de vida maior que dois anos. Se durar dois anos, excelente, mas na prática duram menos. Como não havia controle, os usuários implantavam os aplicativos que queriam, às vezes mesmo sem licenças, ou realizavam os famosos *jail breaks*, ou seja, instalavam softwares para poder piratear outros softwares.

Mas os problemas de gestão de telecom não são novidade. Uma empresa com dezenas ou centenas de ramais e smartphones ou telefones celulares não conseguia controlar os custos, sendo surpreendida apenas após o fechamento das faturas nas operadoras. Os usuários sempre reclamavam

que não poderiam controlar seus gastos sem saber quanto gastavam ao longo do mês. O trabalho de separar as contas por centros de custos e por ramais ou dispositivos móveis é um trabalho árduo se não for utilizado um software para isso. Hoje em dia, a maioria das empresas usa softwares para controlar os custos de telecom, mas este assunto é discutido com profundidade somente no Capítulo 4, sobre gestão de custos de telecom.

ALGUMAS INFORMAÇÕES DE MERCADO (EM 2010)

Em 2010, a telefonia celular no Brasil completou vinte anos e, no final desse ano, já havia mais de 200 milhões de celulares, praticamente um telefone por pessoa, divididos em 82% no modelo pré-pago e 18% no pós-pago. Nesse momento, as operadoras estavam começando a lançar pacotes de dados pré-pagos. Claro! Com a preferência de 82% dos usuários, por qual motivo haviam demorado tanto para lançar pacotes de dados pré-pagos? Talvez, por medo de canibalizar os usuários de dados pós-pago.

> "Com a melhora das velocidades das redes de telefonia móvel, cada vez mais dispositivos serão plugados, aumentando o risco de alto volume de conexões, ou ao menos forçando mais investimentos nessas redes."

Na América Latina, no terceiro trimestre de 2010, já eram 540 milhões de acessos à rede de telefonia móvel, ocupando a segunda posição no ranking mundial e ultrapassando a Europa, que possuía 515 milhões no mesmo período. Somente a Ásia tinha mais ativações, com 2,4 bilhões de usuários conectados.

Segunda a União Internacional de Telecomunicações (IUT, na sigla em inglês), há no planeta um total de 5,3 bilhões de acessos móveis, e este mercado fatura aproximadamente R$ 800 bilhões, cerca de 3% do PIB mundial. Entre julho e setembro de 2010, foram vendidos 340,5 milhões de celulares no mundo, equivalente a mais de um bilhão por ano. Desse total, os smartphones representaram 20%. E a tendência é que os celulares convencionais sumam, porque smartphones baratos ocuparão esse mercado. No terceiro trimestre de 2010, no Brasil, e segundo a Marco Consultoria, 55% dos celulares à venda eram smartphones. Os tablets avançam rapidamente no mercado consumidor e corporativo. Segundo o Barclays Capital, em 2011 devem ser vendidos 38 milhões de tablets. A Forrester Research prevê 24,1 milhões para o mesmo período, o que seria mais que o dobro de 2010. Já o Gartner traz previsões de 2011 a 2014: 54,8 milhões de tablets em 2011, 103,4 milhões em 2012, 154,2 milhões em 2013 e, avançando para 2014, teremos 208 milhões de unidades vendidas. São previsões bem distintas. Para se ter uma ideia, com uma média simples entre os três, teríamos 38,97 milhões de tablets vendidos em 2011. Na minha previsão (e com um pouco de sarcasmo), serão vendidos milhões de tablets em 2011. Estou mais certo do que todos os anteriores. Ao ler este livro, busque por dados de mercado para saber quanto efetivamente foi vendido em 2011 para ver quais dos institutos chegou mais perto. Eu já fiz isso e é bem divertido. Coletei diversas pesquisas de cinco anos atrás e conferi as previsões com os números reais, que são sempre muito diferentes da realidade, mas tudo bem, nos ajudam ao menos a ter uma noção...

Com a melhora das velocidades das redes de telefonia móvel, cada vez mais dispositivos serão plugados, aumentando o risco de alto volume de conexões, ou ao menos forçando mais investimentos nessas redes. O número de assinantes de serviços móveis, entre dados e voz, em todo o mundo atingiria mais de 5 bilhões até o fim de 2010, segundo projeção da ABI Research, que atribui o resultado à acelerada expansão desses serviços em países como Índia, China e Indonésia. O Brasil também é apontado com um dos responsáveis pelo aumento veloz do número de assinantes de telefonia móvel. A projeção para 2015 é de 6,4 bilhões de usuários.

E se você ainda não está convencido de que esse mercado é dinâmico, saiba que, em setembro de 2010, a Apple passou a ser a segunda empresa mais valiosa do mundo, passando a PetroChina e ficando atrás apenas da Exxon Mobil, valendo incríveis 267 bilhões de dólares, enquanto a maior do mundo valia 314,4 bilhões, e a terceira, a PetroChina, 265,5 bilhões. Ainda em 2010, o Ebay vendeu mais de 2 bilhões de dólares de dispositivos móveis, segundo o Website da Forbes.

Em 2012, o número global de assinantes de serviços de internet banda larga móvel, entre ofertas via smartphones e modems USB, deverá atingir a casa de um bilhão, segundo estudo da Pyramid Research. O mercado mundial de infraestrutura de redes móveis deverá atingir receita de US$ 43 bilhões em 2014, o dobro do registrado no ano passado, segundo estudo da consultoria Dell'Oro Group, e o número de usuários de serviços financeiros móveis dos países que compõem o BRIC (Brasil, Rússia, Índia e China) deverá saltar de 32 milhões neste ano para cerca de 290 milhões até 2015, segundo dados da consultoria Arthur D. Little.

Nos próximos capítulos, abordamos os temas propostos de forma clara e direta, sem rodeios. Ao final do livro, os anexos podem ajudar ainda mais na elaboração de um plano de gestão de mobilidade e telecom. São guias de boas práticas muito úteis, que relembram os principais pontos para se obter sucesso na sua implantação. Então, viremos a página.

Sumário

1. O VELOZ MERCADO DE MOBILIDADE 1

2. APLICATIVOS MÓVEIS 5
   2.1 Aplicativos móveis corporativos 7
   2.2 Aplicativos móveis para consumidores 12
      2.2.1 As lojas de aplicativos on-line 14
      2.2.2 Segurança e ameaças em aplicativos móveis e suas lojas 18
   2.3 As diferentes plataformas móveis 20
   2.4 Aplicativos e o mobile marketing 24
      2.4.1 SMS 24
      2.4.2 Campanhas via Free Apps 25
      2.4.3 Mobile Advertisement 27

3. MDM – MOBILE DEVICE MANAGEMENT 31
   3.1. Ciclo de vida de dispositivos móveis 35
   3.2 Conheça seu ambiente de mobilidade 39
   3.3 Gestão dos serviços móveis 44
      3.3.1 Segurança 45
      3.3.2 Gerenciamento de aplicativos 50
      3.3.3 Gerenciamento de configuração 53
      3.3.4 Rastreamento de dispositivos 56
   3.4 Suporte 59
      3.4.1 Identificando as necessidades de suporte 59
   3.5 Monitoração ativa 68
   3.6 Controle de inventário 70
   3.7 Logística de reparos 73

3.8 Como avaliar ferramentas de MDM 76
    3.8.1 Funcionalidades básicas de MDM 76
    3.8.2 Inventário 79
    3.8.3 Monitoramento 79
    3.8.4 Logística de reparos 80
    3.8.5 Quesitos de serviços 81

4. TEM – TELECOM EXPENSE MANAGEMENT 83
    4.1 Renegociação de contratos 88
    4.2 Sistema de gestão de telecom 92
    4.3 Recuperação de cobranças indevidas 95
    4.4 Gestão do uso 97
        4.4.1 Identificando as cotas ideais 97
        4.4.2 Controlando os gastos em tempo real 100
        4.4.3 O risco do impacto na telefonia fixa 105

5. ESTRATÉGIAS PARA MOBILIDADE 107
    5.1 Estratégia para aplicativos móveis 108
    5.2 Estratégia para MDM 112
    5.3 Estratégia para TEM 114

CONCLUSÃO 117

ANEXO – Guia de boas práticas de MDM 123
    Visão geral 124
    E-mail e PIM (Personal Information Management) 124
    Segurança 125
    Aplicações 125
    Inventário 126
    Documentos 127
    Monitoramento 127
    Configuração 128
    Logística de reparos 129
    Suporte 130
    TEM – *Telecom Expense Management* 131

ÍNDICE REMISSIVO 133

1
O VELOZ MERCADO DE MOBILIDADE

> *"... se a velocidade da internet sempre foi algo surpreendente, qual seria a velocidade da mobilidade?"*

Uma das expressões que mais odeio é a famigerada "com o advento da internet". Toda vez que a ouço, respiro fundo para não interromper toda a conversa e ir embora. A segunda expressão relacionada à internet é a "velocidade da internet", e esta me faz pensar toda vez em, se ela sempre foi algo surpreendente, qual seria a velocidade da mobilidade? Se chamássemos os institutos de pesquisa, teríamos previsões fantásticas sobre isso, mas vamos deixar de lado esses magos e profetas que preveem o futuro e dizer simplesmente que a velocidade de adoção da mobilidade é muito rápida, e mais rápida do que foi a da internet.

Os dispositivos móveis são usados corporativamente há muito tempo, mas nos últimos três anos se tornaram o centro das atenções. Aliás, há pouco mais de três anos não havia muita coisa. Não existia iPhone, nem tablets, os aplicativos móveis não eram tão demandados e os smartphones eram minoria nas empresas. Tudo bem que já existiam os tablets havia muitos anos, mas o iPad veio para revolucionar esse mercado, e os primeiros eventos de tecnologia de 2011, como o *Consumer Electronic Show*, em Las Vegas, e o *Mobile World Congress*, em Barcelona, só falaram de tablets.

O que de fato está acontecendo é uma substituição dos computadores por esses novos dispositivos e, claro, assim como o rádio não foi totalmente substituído pela televisão e nem esta pela internet, ambos continuarão vivendo no mercado corporativo. Tenho minhas dúvidas se os desktops terão vida longa, porque os notebooks estão muito baratos, e a ameaça dos dispositivos móveis também vai ajudar a reduzir o seu uso. E, dessa forma, parte do foco que estava no desenvolvimento para Web e desktops passa para os aplicativos móveis. Na verdade, a movimentação sobre os aplicativos móveis, principalmente aqueles com foco no consumidor, lembram muito o começo da internet, em que todas as empresas queriam ter um Website: hoje, todas querem ter um aplicativo móvel.

> "A mobilidade pode trazer muita redução de custos para sua empresa, além de ganhos de produtividade, seja com aplicativos ou simplesmente com a entrega de softwares de colaboração nos dispositivos móveis."

Outra grande diferença entre a Web e a mobilidade é que a Web está em um computador e, para usá-la, temos que ir até esse computador, enquanto a mobilidade está conosco a maior parte do tempo, e mesmo a internet pode ser utilizada nele. O fato de dispositivos móveis estarem o tempo todo à mão permite que eles comecem o dia como despertador, substituam a revista, que antigamente ficava no banheiro, sejam acessados para ler as principais notícias, enquanto se toma café, usados no carro ou no táxi para responder a e-mails e receber ou delegar tarefas, etc. Poderia citar inúmeros exemplos aqui, e tenho certeza de que você se identificaria com pelo menos 80% deles. Os mais aficionados usam os dispositivos móveis sem muita etiqueta; ou seja, no meio de uma reunião, sempre tem alguém que pega o smartphone e o coloca embaixo de a mesa para ler e-mails. O mais incrível é que a pessoa sempre está convicta de que ninguém percebe que ela está usando o smartphone! É claro que todos sabem! Mas, enfim, os dispositivos móveis estão conosco cem por cento do tempo! E isso é fato.

A mobilidade pode trazer muita redução de custos para sua empresa, além de ganhos de produtividade, seja com aplicativos ou simplesmente com a entrega de softwares de colaboração nos dispositivos móveis. Alguns exemplos são os clássicos de aprovação de compras ou de passagens aéreas, que são os melhores para entender os ganhos que uma aplicação móvel pode trazer. A compra de uma passagem aérea muda de preços a todo instante, e a demora por parte de um diretor para aprovar a compra pode fazer a empresa comprar o mesmo bilhete por mais que o dobro do valor inicial. Com um aplicativo móvel, um diretor poderia aprovar o pedido rapidamente, sem ter de ligar um notebook e conectá-lo por meio de um canal seguro enquanto está em viagem. Algumas empresas que mobilizaram seu ERP (*Enterprise Resource Planing* ou software de gestão corporativa) conseguiram reduzir o tempo de aprovação em 85%.

"As pessoas estão "móveis" o tempo todo."

Outros exemplos são aplicações de inteligência de negócios ou *Business Intelligence*. São perfeitas para tablets e substituem aqueles relatórios com centenas de páginas que os gestores nunca leem. Os bancos estão todos oferecendo acesso às contas de seus clientes por aplicativos móveis; as companhias aéreas, serviços como *check in;* e as seguradoras, acesso aos benefícios e serviços também.

Outro ponto que chama a atenção é que a atenção é que muitas pessoas pensam que mobilidade é só para quem está fora da empresa e esse é um grande equívoco! As pessoas estão "móveis" o tempo todo. Ou melhor, elas se movem sempre que não estão na frente do computador. Então, se você levanta de sua mesa e vai até a janela para ver o trânsito, você está se movendo. Se vai ao banheiro, você está se movendo. Se sai para almoçar, está se movendo. Sim, você está quase sempre "móvel". Isso é mobilidade, e a mobilidade é para todas as pessoas que passam além de 15% do seu tempo a mais de um metro de seu computador, desde o momento em que acordam até a hora em que vão dormir. Você deve estar pensando em chamar os nossos amigos magos dos institutos de pesquisa para saber qual será o percentual de pessoas em 2015 que estarão a mais de um metro de seus computadores durante mais de 15% do seu tempo, mas não é necessário, porque eu afirmo que quase todo mundo se encaixa nesse grupo! Então, só nos resta apertar o botão mobilizar AGORA!

2
APLICATIVOS MÓVEIS

"Há muitas nuances da mobilidade que só conhece quem vive isso todos os dias."

O maior desafio para o desenvolvimento de aplicativos móveis é a variedade de plataformas e equipamentos disponíveis no mercado. No início da Web, era preciso desenvolver um Website para cada tipo de navegador disponível. Era difícil, mas não havia mais que três ou quatro navegadores importantes. Já no mundo de mobilidade, existem centenas de modelos de aparelhos celulares, e uma aplicação geralmente é desenvolvida para rodar em um determinado aparelho. Algumas empresas tentaram criar suas plataformas com a proposta de gerenciar os sistemas operacionais e facilitar o desenvolvimento, mas esse mercado é muito dinâmico e praticamente toda semana surgem novos modelos no mercado; isso não deu certo e não conheci nenhum caso de sucesso nessa linha.

> O mundo ideal seria desenvolver aplicativos para um sistema operacional que rodassem em todos os aparelhos com esse SO (Sistema Operacional)...

A dificuldade não é tamanha só porque temos muitos sistemas operacionais disponíveis, é também porque vários fabricantes de dispositivos móveis customizam o sistema operacional para o seu aparelho. Isso sempre foi muito comum com o Windows Mobile. A Motorola chegou a fabricar telefones em que os botões "chamar" (botão verde) e "desligar chamada" (botão vermelho) foram colocados em posição inversa dos demais aparelhos que havia no mercado. O mundo ideal seria desenvolver aplicativos para um sistema operacional que rodassem em todos os aparelhos com esse SO (Sistema Operacional), porém, isso infelizmente não acontece. As empresas desenvolvedoras têm de gastar muitas horas para criar aplicativos para diversos SOs e os clientes dessas empresas têm de gastar muito dinheiro para atingir cem por cento de seus clientes.

> Talvez não seja uma boa ideia dar acesso ao sistema legado de todos os dispositivos móveis, porque isso abriria uma brecha de segurança desnecessária.

O desenvolvimento para uso corporativo é bem mais fácil porque, em geral, as empresas possuem dois ou três modelos de aparelhos distribuídos entre sua equipe. Dessa forma, o desenvolvedor teria de desenvolver somente para essas plataformas ou modelos de aparelhos.

2.1 APLICATIVOS MÓVEIS CORPORATIVOS

Vamos começar pelo mais simples. Como foi dito antes, desenvolver aplicativos móveis corporativos é mais simples do ponto de vista da diversidade de modelos de aparelhos e de seus sistemas operacionais, porém, os projetos em si nem sempre o são. Dependendo do grau de complexidade de integração e controles, esse tipo de aplicativo pode ser ainda mais difícil de desenvolver que aplicativos *consumer*. Os tipos de aplicativos corporativos mais comuns são mobilizações de ERP e de indicadores de negócio (*business intelligence*).

> "Algumas empresas não têm certeza se devem ou não desenvolver aplicativos móveis por conta do investimento, do tempo da equipe, por medo de ser apenas um modismo..."

Um ponto que deve ser muito bem observado é em relação à arquitetura desenhada para esses aplicativos corporativos. Ao integrá-los a sistemas legados, aparece um risco de manutenção desses sistemas, o que é bem frequente. Então, se sua aplicação não usar um *middleware*, nome dado para uma aplicação (que pode ser Web), intermediando a comunicação entre os dispositivos móveis e os legados, qualquer manutenção poderá gerar problemas sérios. Imagine que você tenha um aplicativo corporativo disponível para três sistemas operacionais distintos. Nesse caso, uma manutenção o faria reescrever códigos, e ela teria de ser feita nos três aplicativos. Se você possui uma aplicação intermediária (*middleware*), basta atualizar o componente de comunicação com o legado para que os três tipos de aplicativos voltem a funcionar automaticamente (veja exemplo de arquitetura utilizando *middleware* para integração de sistema legado com mobilidade na Figura 2.1). Outro ponto de atenção é em relação à segurança. Talvez não seja uma boa ideia dar acesso ao sistema legado de todos os dispositivos móveis, porque isso abriria uma brecha de segurança desnecessária.

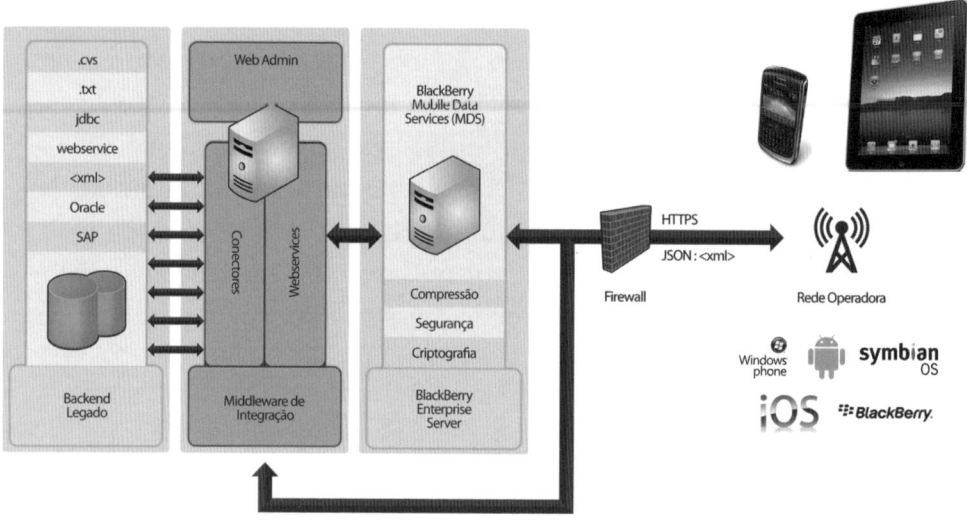

Figura 2.1 – Exemplo de arquitetura utilizando *middleware* para integração de sistema legado com mobilidade.

Quando empresas especialistas em desenvolvimento de sistemas legados, integração de ERP, CRM (*Customer Relationship Management*), etc., decidem também desenvolver o aplicativo móvel existe risco se não tiverem amplo conhecimento e experiência em mobilidade. Há muitas nuances da mobilidade que só conhece quem vive isso todos os dias. Desde detalhes técnicos dos sistemas operacionais até recursos que podem ser usados via API (*Application Programming Interfaces*) dos fabricantes. Da mesma forma que uma empresa de mobilidade não extrairia o máximo de um ERP se tentasse integrá-lo, uma empresa de *back-end* geralmente não extrai o máximo da mobilidade. Vale a pena ficar atento para o que cada fornecedor oferece. E ainda existe o risco de contratar uma prestadora de serviços que atua bem numa plataforma e entregar um projeto para ser desenvolvido em outras diferentes. O que acontece, em geral, é que de cinco plataformas, duas saem bem e as outras três, com muitos problemas. É natural! Um jogador de futebol, por melhor que seja, não conseguirá se destacar em basquete ou vôlei, mesmo tendo em comum a bola. É mais difícil gerenciar vários fornecedores, mas avalie antes se trabalhar com dois ou três fornecedores em um projeto de cinco plataformas vai dar mais ou menos trabalho.

Algumas empresas não têm certeza se devem ou não desenvolver aplicativos móveis por conta do investimento, do tempo da equipe, por medo de ser apenas um modismo e por vários outros motivos. Antes de iniciar qualquer desenvolvimento, é necessário fazer um estudo para saber se a aplicação trará retorno ou apenas benefícios estratégicos. A indústria farmacêutica, por exemplo, já saiu em disparada na adoção de tablets para suas equipes de campo, conhecidas como médicos propagandistas. Vamos entender como chegaram à conclusão de que criar aplicativos para tablets é um bom negócio para aquele mercado: empresas do setor farmacêutico de vários países, em geral, não podem fazer propaganda de medicamentos na televisão ou no rádio. Então, a maneira que encontraram para divulgar seus produtos é através de um médico propagandista, que visita os médicos em seus consultórios para mostrar as novidades e os lançamentos na área. Para essas visitas, a indústria precisa produzir muito material impresso e enviar pelo correio para a equipe de campo ou diretamente para o médico. Além de custar caro para produzir e imprimir o material, em geral, o tempo é sempre muito curto, e o seu conteúdo fica logo desatualizado. Também existem leis rígidas para controlar o mercado que, quando alteradas, muitas vezes exigem nova produção, impressão e reenvio de todo o material. Nem precisamos de uma análise profunda aqui para saber que o custo de um aplicativo móvel e de um tablet para cada médico propagandista se paga em alguns meses, sem falar na agilidade que traz para o negócio. Ao ser necessária uma atualização, basta produzir o conteúdo e enviar uma atualização para o aplicativo, usando a internet. Em outros casos, por exemplo, todos os concorrentes de uma determinada empresa possuem um aplicativo para seus clientes, o que quase sempre é preciso fazer para não deixá-la com um diferencial e vantagem competitiva.

É dessa forma que temos de analisar se vale a pena ou não desenvolver aplicativos móveis para nossa empresa. Em outros casos, o seu desenvolvimento é direcionado pela diretoria da empresa de uma forma mais estratégica, ou simplesmente por vontade pessoal, sem a necessidade de fazer um estudo mais profundo.

Suporte aos usuários corporativos

> "Oferecer suporte adequado ao usuário é garantia de qualidade, bom resultado e satisfação do cliente. Caso contrário, dependendo do usuário, pode custar o seu emprego."

Não basta desenvolver um aplicativo móvel corporativo, é preciso planejar todo o seu ciclo de vida. E o suporte operacional é um dos pontos mais críticos e importantes. De nada adianta lançar um aplicativo móvel e permitir que ele pare de funcionar diversas vezes por semana ou então que o seu usuário final perceba que não funciona e acione você.

Para definir uma estratégia de suporte, é preciso entender o tipo e o perfil do seu aplicativo a ser suportado.

- Precisa de suporte 24×7 ou apenas em horário comercial?
- Qual o tempo máximo aceitável de indisponibilidade mensal?
- Caso o aplicativo fique indisponível, existe prejuízo financeiro direto?
- Esse time deve suportar apenas o aplicativo, ou dispositivos e operadoras também?
- A empresa ou equipe que desenvolveu o aplicativo também é especialista em suporte para operações complexas?
- Como será criada e armazenada a base de conhecimento de problemas e soluções?

- Como serão os meios de acesso ao time de suporte e qual o conhecimento que o primeiro nível deverá ter?
- Qual será a capacitação necessária?
- Como será gerenciada a rotatividade desses profissionais?
- A equipe interna ou a empresa que desenvolveu esse aplicativo tem experiência nesse tipo de suporte?
- Devo montar um time interno ou terceirizar?

Essas são algumas das indagações que se deve fazer para planejar uma estratégia de suporte. Além disso, é preciso definir processos para que seu time de suporte ao aplicativo interaja com os times de softwares de retaguarda (*back-end*), de infraestrutura, etc.

Oferecer suporte adequado ao usuário é garantia de qualidade, bom resultado e satisfação do cliente. Caso contrário, dependendo do usuário, pode custar o seu emprego.

Em operações de suporte é obrigatório criar processos, mas também é de suma importância criar uma base de conhecimento para armazenar todas as perguntas e respostas realizadas e as que venham a ser feitas. Dessa forma, um time menos experiente e mais barato poderá suportar seus usuários. Quanto maior o número de chamados fechados no primeiro nível de suporte, menor o custo, maior a eficiência e satisfação do usuário. Outro ponto que necessita de investimento, tempo e atenção é a parte de treinamento. Treinar, treinar e treinar é um dos principais fatores de sucesso de uma área de suporte a aplicativos móveis corporativos ou qualquer outro tipo de suporte a software ou serviços de TI (Tecnologia da Informação).

Se o suporte não será realizado por sua equipe interna, mas, sim, por uma empresa especialista, procure saber qual a capacitação, experiência e ferramentas utilizadas. Confira o tipo de central telefônica, o software de CRM para controle de chamados, os níveis de serviço ou SLA, as certificações do time, etc.

O mesmo conceito se aplica ao suporte para os aplicativos do tipo consumidor, a diferença é que, no mundo consumidor, um suporte ruim prejudica a imagem da empresa para o mercado. E como vivemos num mundo dominado pelas mídias sociais, não é necessário muito para que alguns consumidores comecem a liderar um movimento antimarca para uma empresa que presta um suporte de baixa qualidade.

2.2 APLICATIVOS MÓVEIS PARA CONSUMIDORES

Esse tipo de aplicativo é mais complexo do ponto de vista da variedade de sistemas operacionais, mas em geral o desenvolvimento não é tanto. O mercado realmente mudou muito depois que a Apple lançou a AppStore. Antes disso, era muito difícil distribuir aplicativos de massa, mas hoje, em poucos dias se pode conquistar milhões de usuários em centenas de país através dessas lojas de aplicativos. E não foram somente os fabricantes que lançaram lojas; existem lojas independentes e, também, várias operadoras que lançaram suas lojas de aplicativos. Para fazer parte de uma dessas lojas, é preciso seguir suas regras de submissão de aplicativos, pois existe uma checagem de código para verificar se existe algum código malicioso no meio do aplicativo; além disso, praticamente todas possuem sistema próprio de comercialização. A Apple cobra 30% de tudo o que for vendido por sua loja, já o Google cobra 10%. Mas nenhum dos dois repassa algo para as operadoras, por esse motivo muitas estão desenvolvendo suas próprias lojas de aplicativos. O número de *downloads* de aplicativos móveis voltados aos consumidores deve superar a marca dos 25 bilhões até 2015, contra pouco menos de 2,6 bilhões em 2009, segundo pesquisa da Juniper Research. A empresa atribui o forte crescimento ao aumento no número de lojas de aplicativos que estão sendo desenvolvidas por operadoras e fornecedores. Veja, na Figura 2.2, exemplos do desenvolvimento móvel e as diversas plataformas disponíveis.

A maioria dos aplicativos *consumer* é gratuita, e a forma mais comum de seus fabricantes conseguirem faturamento é através de *mobile advertisement* ou publicidade por meio de *banners* nos aplicativos. A receita mundial de publicidade móvel deve atingir cerca de US$ 3,5 bilhões em 2010, mas totalizará cerca de US$ 24 bilhões em 2015, de acordo com projeção da Informa Telecoms & Media. Com certeza crescerá muito. O fator de sucesso desse modelo está em conseguir dados sobre o usuário do aplicativo, como classe social, idade, sexo, etc. Saber qual é o aparelho que o usuário tem já é algo bastante relevante, porque, dependendo do tipo de equipamento que ele usa, é possível avaliar qual o seu provável poder aquisitivo. Mas existem questões, como confidencialidade, que dificultam a obtenção dessas informações.

> "... antes de decidir investir em mobilidade, certifique--se principalmente de alcançar a qualidade mínima e avalie o risco que esse aplicativo pode gerar para sua imagem.."

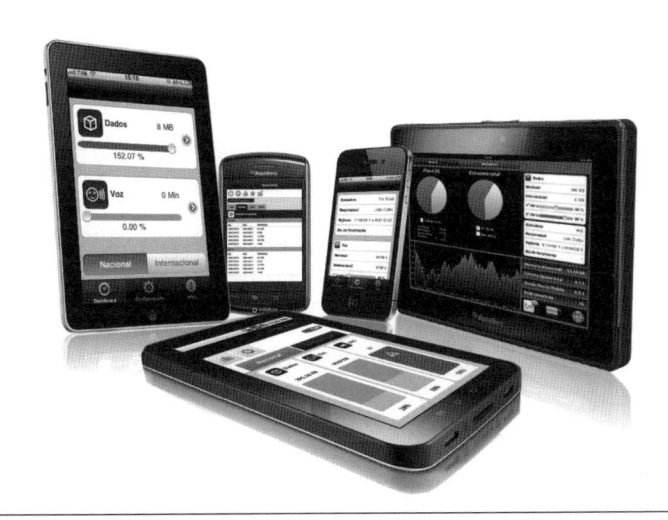

Figura 2.2 – Desenvolvimento móvel e as diversas plataformas disponíveis.

Mas é preciso ter atenção, pois, uma vez que um aplicativo consumidor é desenvolvido e lançado no mercado, seu efeito será muito poderoso, e poderá afetar a imagem de sua empresa tanto de maneira positiva quanto negativa, dependendo do resultado. Imagine uma empresa que investe milhões em propaganda na TV, defendendo que seu maior diferencial é a qualidade, e essa mesma empresa lança um aplicativo para dispositivos móveis que não funciona ou que está frequentemente indisponível. Em poucas horas alguns clientes podem iniciar uma ação viral de comentários ou avaliações negativas desse aplicativo, gerando um prejuízo milionário para a imagem dessa empresa. Então, antes de decidir investir em mobilidade, certifique-se principalmente de alcançar a qualidade mínima e avalie o risco que esse aplicativo pode gerar para sua imagem. Não estou tentando desmotivá-lo a entrar nessa área e investir em mobilidade, ao contrário, invista em mobilidade com a mesma preocupação e atenção dedicadas à internet.

> As lojas de aplicativos *on-line*, como a AppStore da Apple, a AppWorld da BlackBerry ou o Android Market, mudaram a forma de distribuição de aplicativos.

Criar aplicativos do tipo consumidor para plataformas ou dispositivos inovadores pode trazer retorno de marketing para sua empresa também. Ou seja, muitas empresas preferem investir em um aplicativo e soltar um *press release* no mercado dizendo que já possui um aplicativo para determinada tecnologia ou dispositivo, pois, além de ser muito mais barato que comprar um anúncio em revista, geralmente o impactado é maior. Então, se um anúncio em uma revista custa R$ 200 mil e desenvolver um aplicativo gratuito para seus clientes custa R$ 50 mil, por que não seguir essa estratégia?

2.2.1 As lojas de aplicativos *on-line*

As lojas de aplicativos *on-line*, como a AppStore da Apple, a AppWorld da BlackBerry ou o Android Market, mudaram a forma de distribuição de aplicativos. Antes, o esforço para distribuir um aplicativo era tão grande que poucas empresas conseguiam fazê-lo. Hoje em dia e por meio dessas lojas, um garoto de 15 anos pode criar um aplicativo em casa, submetê-lo para aprovação na loja e, após aprovado, ele estará disponível para milhões de pessoas em segundos. Realmente, essas lojas mudaram o modelo de negócio de aplicativos *consumer*. As lojas geralmente separam aplicativos pagos de gratuitos e também dão destaque aos melhores no "carrossel" ou no *top* 20 ou 25 mais baixados. Uma vez que seu aplicativo consiga entrar no destaque (carrossel), o volume de *downloads* é multiplicado algumas vezes e pode ser que você consiga entrar na lista dos mais baixados (*top* 25, por exemplo).

> "As lojas de aplicativos ficam com parte da receita, mas em compensação conseguem distribuir seu aplicativo pelos quatro cantos do mundo."

Se o seu aplicativo não for gratuito, as lojas também podem ajudar a vendê-lo. Vários deles são vendidos por valores que variam de centavos até dezenas de dólares. As lojas de aplicativos ficam com parte da receita, mas em compensação conseguem distribuir seu aplicativo pelos quatro cantos do mundo. Esse modelo também teve poucos casos de sucesso. É realmente difícil acertar a estratégia de escolha do aplicativo, da precificação, enfim, de tudo o que o envolve.

Uma pesquisa da BAIRD com 1200 desenvolvedores de aplicativos móveis mostrou que a maioria está focada no desenvolvimento de jogos (21%), seguido de aplicativos de produtividade (15%). Sobre a preferência dos desenvolvedores em relação aos sistemas operacionais, a Apple com seu iOS ganha com 72%, seguida do Google com o Android, tendo 62%, e depois BlackBerry com 28%. A pesquisa ainda mostra que em relação a tablets, os sistemas operacionais vencedores são os mesmos, mas com percentuais diferentes: iOS com 60%, Android com 26% e BlackBerry playbook com 9%. Isso provavelmente se deve ao fato de o iPad ter sido lançado primeiro no mercado e os demais terem chegado pouco tempo antes ou mesmo depois da pesquisa, realizada em dezembro de 2010 (o BlackBerry playbook nem havia sido lançado ainda, o que ocorreu em abril de 2011).

O que é claro nesse modelo de negócios é que se deve vender por pouco para muitos. Ou seja, qual é o valor ideal para um produto que faça com que o cliente não perca tempo tentando pirateá-lo e compre-o diretamente? O valor de US$ 1,00 é o mais comum nessas lojas de aplicativos, e definitivamente esse valor não motiva ninguém a tentar piratear ou instalar ilegalmente. Claro que sempre existem alguns infelizes que, mesmo por um dólar, perdem horas tentando fazer isso, mas nesses casos não acredito que seja por causa do valor, mas, sim, pelo desafio de conseguir fazê-lo. Outros softwares como as famosas famílias "office", que são compostos, em geral, por editor de texto, software de apresentação e editor de planilhas, como o mais famoso de todos, o Microsoft Office, custam para computador quase 600 dólares, enquanto para um tablet custam menos de 20 dólares. É uma diferença muito grande e que me faz acreditar que a inclusão digital não será via computador, mas via algum dispositivo móvel. Eu, no momento, estou testando alguns tablets para descobrir se conseguirei abandonar definitivamente meu notebook para atividades profissionais. Gostaria muito de poder fazer tudo com um tablet, mais prático, fácil, barato e móvel.

> "Use e abuse de parcerias com blogueiros, que podem ajudar na divulgação de seus aplicativos."

Como em todos os demais meios digitais, os jogos são os campeões de vendas. Alguns já faturaram milhões de dólares somente em sua versão *mobile*. Jogos como o *Angry Birds*, que foi lançado originalmente para iPhone em 2009 e já vendeu mais de 12 milhões de cópias, tiveram cerca de 30 milhões de *downloads* do aplicativo gratuito (com receita baseada em publicidade), segundo anúncio feito no final de 2010 pelo CEO da Rovio Mobile, Mikael Hed, fabricante do jogo que hoje possui versões para Android e Symbian, além de já terem sido anunciadas versões para consoles de jogo como PlayStation e Xbox. Somente a versão para Android deve gerar 1 milhão de dólares por mês a partir de 2011.

Outro negócio muito lucrativo é o sexo. Mas nas atuais lojas de aplicativos *on-line* ainda não conseguiu penetração. As principais lojas não permitem a distribuição de conteúdo adulto, nem mesmo aplicativos para tal. Confesso que estou admirado que ainda não tenham surgido várias lojas para distribuir aplicativos dessa natureza, que poderiam rodar de forma oculta, acionados apenas por um código a partir da tela inicial do smartphone ou tablet. Ou então, com um ícone discreto que, ao ser acionado e após a confirmação de senha, seria possível acessar o conteúdo adulto. De uma forma ou de outra, essa indústria entrará no jogo da mobilidade, aguardem...

Além das lojas, há outras formas de divulgar seus aplicativos para consumidores. Use e abuse de parcerias com blogueiros, que podem ajudar na divulgação de seus aplicativos. Alguns deles fazem parte de redes mundiais de blogueiros e trocam informações entre si. Para o lançamento da primeira versão do Navita Translator, como ainda não existia a BlackBerry AppWorld e o aplicativo estava disponível só para BlackBerry, montamos uma estratégia de divulgação em primeira mão para um grupo de blogueiros que, por sua vez, divulgaram quase simultaneamente em diversos países, o que gerou muitos *downloads*. Logo após, além dos blogs, alguns *sites* especializados começaram a fazer *reviews* do aplicativo e, mesmo não sendo o primeiro aplicativo para tradução, em poucas semanas se tornou o mais famoso e o mais baixado para BlackBerry em todo o mundo. Pouco depois, com o lançamento da BlackBerry AppWorld, o número de *downloads* cresceu de forma geométrica e outros novos *reviews* foram conquistados, gerando uma divulgação fantástica com custo zero. Outra experiência interessante foi a parceria com operadoras e com o fabricante, o que nos permitiu fazer ações VPL (Virtual Pre Loaded ou Pré-Carregado Virtualmente), ou seja, através de uma campanha VPL, conseguiu pré-carregar o Navita Translator nos smartphones de todos os usuários BlackBerry de algumas operadoras de uma hora para outra.

> " Estratégia de criação e divulgação do produto, alianças, suporte e acompanhamento contínuo do mercado e dos usuários pesam muito mais no negócio de aplicativos do tipo consumidor. "

Use e abuse também das mídias sociais, divulgue e pesquise o que os usuários do seu aplicativo comentam nessas redes. Use-as para fazer atendimento ao seu público. Um usuário satisfeito pode lhe trazer três outros novos usuários, porém, um insatisfeito pode lhe tirar ou impedi-lo de conquistar outros dez.

A codificação de um aplicativo do tipo consumidor é a parte mais fácil, e eu arriscaria dizer que não significa mais do que 20% do negócio, talvez menos que 10%. Estratégia de criação e divulgação do produto, alianças, suporte e acompanhamento contínuo do mercado e dos usuários pesam muito mais no negócio de aplicativos do tipo consumidor (ver Figura 2.3).

Desenvolvimento
- Diversos fabricantes e modelos
- Usabilidade é o ponto mais importante
- Funcionamento online e offline

Integração
- Integração com sistemas legados (SAP, Oracle, Database, Webservice)
- Logs de auditoria sobre toda comunicação
- Criptografia e compactação dos dados

Distribuição
- Distribuição nas principais lojas de aplicativos
- Instalação em lote para usuários corporativos
- Alertas para atualização de versão automática

Figura 2.3 – Fases do desenvolvimento de aplicativos móveis.

2.2.2 Segurança e ameaças em aplicativos móveis e suas lojas

Em março de 2011, vi a primeira notícia sobre códigos maliciosos em lojas de aplicativos. Uma consultoria de segurança chamada Lookout Mobile Security constatou, em 1º de março de 2011, que a Android Market, a loja de aplicativos da empresa Google, possuía 55 aplicativos contaminados com códigos maliciosos que já haviam infectado milhares de smartphones. No dia seguinte, a Google removeu todos os aplicativos de sua loja. Mas e se esses aplicativos conseguissem replicar a infecção para todos os usuários do catálogo de endereços dos dispositivos já infectados? Aí a ameaça seria muito maior. Para que uma ameaça seja instalada, é preciso intervenção do usuário, pelo menos para dar permissão para que o aplicativo seja executado. Na Web também é mais ou menos assim, mas as pessoas clicam. E-mails com mensagens tão absurdas são abertos todos os dias e, se clicam no e-mail do desktop, farão o mesmo no e-mail dos dispositivos móveis. Em vez de enviarem mensagens como "clique aqui e veja que você ganhou um milhão de dólares na loteria da Nova Guiné", teremos mensagens como "instale esse aplicativo e ganhe já um tablet de última geração". E milhares de pessoas clicarão. Nesse momento, talvez o aplicativo consiga acessar todos os e-mails do catálogo de endereços daquele dispositivo e reenviar a mensagem infectada a novos usuários. Preste atenção na segurança relacionada à mobilidade. Esse será um tema que ganhará muita atenção no futuro próximo e é de suma importância.

> "Prepare-se e reserve algum dinheiro para investir em antivírus para dispositivos móveis. Esse tipo de ameaça deve se tornar cada vez mais comum."

A Research In Motion (RIM), fabricante do BlackBerry, conta com a vantagem de ter uma rede privada de comunicação. Mesmo que um aplicativo se espalhe entre seus usuários da forma descrita anteriormente, ela teria como bloquear a propagação na sua rede. Já o Android, da mesma forma que ganha mercado e atenção dos usuários, ganha também a atenção dos hackers.

Prepare-se e reserve algum dinheiro para investir em antivírus para dispositivos móveis. Esse tipo de ameaça deve se tornar cada vez mais comum. Muitas atividades que antes eram feitas em computadores passaram e passarão cada vez mais a ser feitas em dispositivos móveis, logo a atenção dos hackers também se voltará para eles. Abre-se aqui uma oportunidade enorme para empresas de antivírus e segurança da informação.

Outro fato que se tornará comum será a invasão de sistemas corporativos através de aberturas de segurança dadas para aplicativos móveis. Lembra-se de que discutimos sobre uma boa arquitetura de aplicativo móvel e que existem formas de comunicação com os sistemas legados sem abrir grandes brechas de segurança? Pois é, existem! Mas desenvolvedores menos experientes tendem a seguir o caminho mais fácil: expor os sistemas na internet para o aplicativo móvel consumir a informação. Em empresas que levam a segurança a sério, dificilmente o gerente de segurança permitirá isso, mas em várias outras não haverá esse tipo de cuidado! E será como música para os ouvidos dos hackers. De novo, o mesmo já aconteceu com a popularização da internet e volta a acontecer agora. Convém manter os olhos bem abertos para aprender com os erros do passado e, se possível, com os erros dos outros, o que custa bem mais barato.

2.3 AS DIFERENTES PLATAFORMAS MÓVEIS

> " É preciso conhecer os sistemas operacionais, os fabricantes líderes de mercado e o usuário do seu aplicativo. Com isso, você poderá montar uma bela estratégia para alcançar os melhores resultados. "

De acordo com o Wikipedia.org, o primeiro smartphone a ser criado foi o IBM Simon, em 1992, apresentado ao mercado como produto-conceito naquele mesmo ano na COMDEX, evento de tecnologia que aconteceu em Las Vegas, Nevada, nos Estados Unidos. No ano seguinte passou a ser vendido ao público pela BellSouth. Esse equipamento era telefone celular, mas tinha funcionalidades de calendário, caderno de endereços, calculadora, jogos, relógio e e-mail, dentre outras. Era um aparelho com tela sensível ao toque (*touch screen*) também.

- 1996 – Nokia lança o Nokia 9000, da linha Nokia Communicator, uma linha de telefones empresariais que surgiu de um esforço combinado entre a Nokia e a Hewlett Packard. Esse aparelho usava o sistema operacional GEOS. Nesse mesmo ano nasceu o Pilot, o primeiro PDA (*Personal Digital Assistant*) da Palm Computing, uma divisão da US Robotics. Os primeiros palmtops eram munidos de 128Kb de memória RAM, de porta serial e do sistema operacional Palm OS.

- 1997 – Ericsson lança o primeiro protótipo que seria chamado de smartphone, o GS88.

- 2000 – Ericsson lança o smartphone touch screen chamado R380, o primeiro dispositivo a usar o então novíssimo sistema operacional Symbian, criado pelo consórcio entre Nokia, NTT DoCoMo, Sony Ericsson e Symbian Ltd. Nascia o sistema operacional que seria o mais usado entre os telefones celulares nos anos 2000.

- 2001 – Palm lança o Kyocera 6035, que combinava funcionalidades de PDA com telefone sem fio, ou seja, ele permitia selecionar um contato da lista de endereços e fazer uma chamada direta. Também oferecia recursos bem limitados de navegação. Nesse mesmo ano, a Microsoft lançou o Windows CE Pocket PC OS, que foi o sistema operacional do primeiro smartphone da Microsoft.

- 2002 – É lançado o Palm OS Treo, que combinava teclado completo (qwerty) com navegação Web sem fio, e-mail, contatos e aplicativos de terceiros. Nesse mesmo ano, a RIM lançava seu primeiro BlackBerry, que foi também seu primeiro smartphone otimizado para comunicação sem fio para e-mail e que dominaria o mercado corporativo nos anos seguintes, com seu sistema operacional BlackBerry OS.

- 2007 – Esse foi o ano em que nasceu o iOS, sistema operacional da Apple para iPhones e iPads. Juntamente com o iOS era lançado no final desse ano o iPhone, um sucesso extraordinário de vendas. A guerra dos smartphones e sistemas operacionais estava definitivamente declarada.

- 2008 – Ano em que foi lançado o sistema operacional Android pela Google, um SO para disputar a liderança com a então dominante Symbian.

- 2010 – A Apple lança o iPad, um tablet PC que revolucionaria mais uma vez o mercado de mobilidade. De acordo com a Wikipedia, o primeiro tablet PC foi lançado em 1989, chamado de GridPad e fabricado pela Grid Systems. Mas em 2001, com o anúncio do Microsoft Tablet PC, o termo ficaria um pouco mais popular, mas não tanto quanto em 2010 quando a Apple reinventou esse mercado lançando o iPad, que vendeu mais de 3 milhões de unidades em menos de 80 dias. Só em 2010 foram vendidos mais de 15 milhões de iPads. Agora o mercado todo só fala em tablets, que invadiram as empresas e as casas de todos os amantes de tecnologia.

Segundo o Gartner, o *market share* de sistemas operacionais para dispositivos móveis apresenta-se como demonstrado na Tabela 2.1.

Tabela 2.1 – Market share de sistemas operacionais para dispositivos móveis

SO mobile	2009	2010	2011	2014
Symbian	46,9%	40,1%	34,2%	30,2%
Android	3,9%	17,1%	22,2%	29,6%
BlackBerry	19,9%	17,5%	15,0%	11,7%
iOS	14,4%	15,4%	17,1%	14,4%
Windows	8,7%	4,7%	5,2%	3,9%
Outros	6,1%	4,7%	6,3%	9,6%

Fonte: http://www.gartner.com/it/page.jsp?id=1434613

Essa pesquisa foi divulgada no segundo semestre de 2010, porém, no começo de 2011, com o anúncio da parceria estratégica entre Nokia e Microsoft, foi anunciado que o Symbian seria descontinuado e a Nokia tentaria transferir os usuários para novos smartphones com o SO da Microsoft. Talvez, quando você estiver lendo este livro, já esteja mais claro o que aconteceu, mas não acredito que eles consigam transferir seus usuários, o mais provável é que percam muitos deles para os SOs competidores.

Como pesquisa não é algo em que se possa confiar, sempre trago pelo menos duas para entendermos tais projeções. Vejamos o que a Canalys, com a publicação realizada no final de janeiro de 2011 e referente ao último trimestre de 2010, diz do mercado de sistemas operacionais para dispositivos móveis.

O estudo aponta que, entre outubro e dezembro de 2010, foi vendido um total de 101,2 milhões de smartphones, número 88,4% superior ao comercializado no ano anterior. O Android equipou 32,9% de todos os aparelhos vendidos naquele trimestre, enquanto o Symbian ficou com 30,6% dos smartphones entregues, perdendo a liderança global pela primeira vez.

Com o *market share* de 16%, a Apple, com o sistema iOS do iPhone, ficou na terceira colocação do ranking, enquanto a Research In Motion (RIM), fabricante do BlackBerry, encerrou o período com 14,4%, bem inferior aos 20% registrados no último trimestre de 2009. A Microsoft, com o Windows Phone (ex-Windows Mobile), ficou na quinta posição e respondeu por apenas 3,1% das vendas de smartphones no quarto trimestre de 2010, sendo que sua participação caiu mais da metade, pois no mesmo período de 2009 tinha 7,2%.

> "Quer conhecer seu cliente? Ofereça-lhe um aplicativo realmente útil."

Bem, acho que nesse caso, o Gartner chutou errado. Se o Android já passou o Symbian no último trimestre de 2010, deve continuar liderando em 2011. E se o Symbian realmente for descontinuado em 2012 ou se esse rumor continuar, seus usuários não esperarão até 2012 para comprar os primeiros smartphones da Nokia com Windows. É mais provável que o Android conquiste 50% do mercado de smartphones e que o Symbian continue com 30%. E um bom motivo para isso é que aproximadamente 20% do custo de um smartphone vem do custo de seu sistema operacional. Os fabricantes viram no Android uma excelente oportunidade de vender mais por menos, porque não teriam o custo do SO se usassem o Android. Outro ponto importante que define qual SO vende mais ou menos é o número de smartphones com esse SO disponível e homologado nas operadoras. E o volume de Android cresce bem mais rápido que o de Symbian. É preciso conhecer os sistemas operacionais, os fabricantes líderes de mercado e o usuário do seu aplicativo. Com isso, você poderá montar uma bela estratégia para alcançar os melhores resultados, e é exatamente isso que discutimos no próximo tópico.

2.4 APLICATIVOS E O MOBILE MARKETING

Existem diversos livros específicos sobre mobile marketing, e o objetivo aqui não é discutir o tema tão a fundo quanto esses outros o fazem. Porém, exploramos as principais disciplinas do mobile marketing, seus riscos e potenciais.

2.4.1 SMS

O SMS (*short message service*) tem sido uma excelente fonte de receita para as operadoras. Cada mensagem de texto trocada tem um custo unitário em torno de R$ 0,30, e até hoje tem sido um dos meios preferidos de comunicação entre os assinantes. Isso porque é barato se comparado com o custo do minuto das chamadas de um telefone celular pré-pago, que é quatro ou cinco vezes maior, em um país em que 82% dos usuários estão enquadrados nesse modelo. Portanto, esse seria um ótimo meio para atingir seus clientes e se comunicar com eles. De fato é, se pensarmos em comunicação reativa, ou seja, quando um cliente interage com uma empresa por meio de SMS e recebe o retorno de outro SMS com a informação solicitada. Mas para campanhas de marketing, ou de vendas ativas, definitivamente esse não é o melhor meio de comunicação. É extremamente intrusivo e não consegue atingir resultados tão positivos como deveria. Para esse tipo de ação, as campanhas de marketing por e-mail continuam imperando, e as empresas continuam desrespeitando a nossa privacidade, invadindo todos os dias nossas caixas postais com novas mensagens indesejadas.

> "Se o seu negócio é saúde, talvez faça sentido um aplicativo que armazene todos os dados de saúde de seus clientes, como tipo sanguíneo..."

O SMS começa a ganhar adversários fortes e deve perder participação na receita das operadoras de telefonia celular significativamente nos próximos anos. Por quê? Por causa da popularização dos planos de dados. Softwares de mensagem instantânea estão "roubando mercado" do SMS. E a tendência é que planos de dados pré-pagos passem a ser oferecidos pelas operadoras, trazendo para o mundo dos conectados boa parte dos clientes que estão entre os 82% de planos pré-pagos de voz. Outros países, como os Estados Unidos, já oferecem planos mensais de dados pré-pagos. Eu mesmo já comprei um desses há alguns anos e, por 50 dólares, obtive acesso ilimitado e completo por um mês. Com o plano de dados, softwares de comunicação instantânea ajudarão a diminuir o volume de SMS enviado.

SMS tem funcionado bem em campanhas de TV, para votação ou para concorrer a algum prêmio. Esse é o principal volume de SMS marketing utilizado no Brasil. E a grande vantagem do SMS é que funciona em qualquer tipo de telefone celular. Ou seja, para alguns casos, não existe melhor forma de comunicação.

2.4.2 Campanhas via Free Apps

Esse é um mercado extremamente promissor em termos de campanhas digitais. Quer conhecer seu cliente? Ofereça-lhe um aplicativo realmente útil e passará a ter um canal de comunicação próprio em que poderá coletar as melhores informações para o seu negócio.

O retorno é impressionante, mas também é preciso tomar cuidado para o tiro não sair pela culatra. Tentar fazer algo por fazer, sem qualidade, sem suporte, terá o efeito contrário e prejudicará sua empresa, em vez de ajudar. Para empresas, um bom começo é criar aplicativos de utilidade, em que o cliente possa se comunicar, consultar serviços, pesquisar informações, etc. Se o seu negócio é venda de passagens aéreas, que tal oferecer um tradutor gratuito? Toda vez que o seu cliente utilizar o software, lembrará que foi sua empresa que o criou gratuitamente para ele. O software poderá apresentar um *banner* promocional, que será visualizado pelo seu cliente a cada acesso ao aplicativo, e o impulso poderá levá-lo a clicar no *banner* e comprar uma nova passagem ou pacote turístico. Se o seu negócio é saúde, talvez faça sentido um aplicativo que armazene todos os dados de saúde de seus clientes, como tipo sanguíneo, compatibilidades, restrições a anestesias, etc. Se quiser ir além, poderia permitir ao usuário doador de sangue que seja avisado em caso de emergência, ou lembrá-lo de uma nova doação mediante um alerta em seu celular. Talvez uma simples ação dessas faça com que seu banco de sangue nunca fique com estoque baixo, ou zerado, e até uma vida possa ser salva pelo aplicativo. Ainda no mercado de saúde, um aplicativo poderia ajudar um médico a monitorar seus pacientes. Por exemplo, pacientes bipolares poderiam responder três vezes ao dia questionários, que gerariam gráficos para o médico, e este poderia acompanhar seu estado de humor e saúde. Em caso de queda brusca do humor ou de estado depressivo, um alerta poderia ser enviado ao médico. Enfim, poderia citar inúmeros exemplos aqui, mas, como prometi na introdução que não subestimaria a inteligência dos leitores, limito-me a estes, porque tenho certeza de que o recado já está bem entendido.

Uma estratégia de marketing mediante aplicativos gratuitos não precisa ser limitada ao seu tipo de negócio. Por exemplo, um banco poderia oferecer um aplicativo para ajudar um cliente a controlar sua alimentação. Ou uma empresa de produtos alimentícios poderia oferecer gratuitamente, e com pequenos *banners*, um aplicativo móvel para registrar o desempenho em atividades físicas. Após um treino, um *banner* sugerindo uma refeição com alguns de seus produtos poderia ser exibido. É claro que faz mais sentido um banco oferecer um software para controle e planejamento de gastos, mas não necessariamente precisa ser diretamente relacionado à sua área de atuação. É importante, inclusive, testar ambos os modelos, pois, dependendo do negócio, os resultados podem ser impressionantes.

Esse tipo de estratégia de marketing não é tão intrusivo quanto o de mensagens curtas (SMS), mas ainda poucas empresas o exploram. Acredito que no futuro haverá muito investimento em aplicativos móveis e, juntamente com mídias sociais, eles trarão um conhecimento para as empresas sobre seus clientes nunca antes experimentado.

Fatores intangíveis contam, mas geralmente poucas pessoas conseguem contabilizá-los e usá-los como argumento para sua empresa. Se não se consegue provar o valor, não se consegue investimento. Mas o fortalecimento da marca e a percepção de valor pelo cliente, talvez, ajudem a obter a aprovação do projeto. Nunca me esqueci de uma excelente experiência que tive com a Nestlé nos anos 1990. A internet comercial estava começando no Brasil, e, ao contatar a empresa, fui muito bem atendido. Dias depois, recebi um novo contato de lá, perguntando se a resposta havia sido satisfatória e se poderiam ajudar em algo mais. Esse tipo de atendimento nos anos 1990 não era nada comum. A partir de então, passei a ter uma impressão diferenciada da Nestlé. Tive experiências opostas com outras empresas, que hoje são insignificantes para mim e nem sequer me lembro delas.

Pense fora da caixa e pesquise como as empresas estão usando a mobilidade para apoiar seu negócio. Tenho certeza que você encontrará uma forma inteligente de usar a mobilidade a seu favor. Ou poderá fazer dinheiro com *mobile advertisement*, que é nosso próximo assunto...

2.4.3 Mobile Advertisement

Mobile Advertisement, ou publicidade através da mobilidade, é simplesmente a replicação do modelo de publicidade digital da Web para o mundo móvel. Segundo a Informa Telecom & Media, o mercado de publicidade móvel deve ter movimentado algo em torno de US$ 3,5 bilhões em 2010, e para 2015 as projeções apontam US$ 24 bilhões. Segundo a Ender Analysis, até agora esse mercado não conseguiu crescer senão marginalmente, mas 2011 será o ano em que crescerá para valer. O instituto ainda prevê que, em 2015, a publicidade móvel representará 9,5% de toda a publicidade *on-line*. Já o Gartner prevê que, em 2013, esse mercado movimentará US$ 13 bilhões. De qualquer forma, crescerá bastante. Um ponto a ser observado é que o valor do anúncio no mercado mobile já é menor que o do mercado Web, em muitas situações. Se isso não se inverter, seu potencial poderá ser afetado.

> "Ao escolher uma rede de publicidade móvel para seu aplicativo, é importante entender qual é o seu público e se essa rede possui anunciantes para sua região e se é compatível com o perfil do seu público."

Com as lojas de aplicativos surgiram também as redes de publicidade móvel, que são empresas que detêm relacionamento com os anunciantes e oferecem APIs (*Application Programming Interfaces*, ou Interfaces de Integração de Sistemas) para desenvolvedores de aplicativos móveis. Essas APIs são trechos de códigos que, adicionados ao código fonte do aplicativo, passam a apresentar *banners* de anunciantes nas telas do aplicativo móvel. O modelo de negócio segue o mesmo princípio do modelo de *banners* na Web. Um valor é pago pela quantidade de impressões (CPM, ou Custo Por Milhagem) e outra parte é paga para cada clique no *banner*. Esse mercado ainda é muito novo, com poucos aplicativos faturando valores significativos e poucas redes de publicidades móveis relevantes, como mostra a pesquisa da BAIRD, que identificou que, dos 1200 desenvolvedores entrevistados, 28% usavam a Admob do Google, 22%, a Quattro Wireless e 9%, alguma outra, enquanto 44% não usavam nenhuma. Um exemplo que posso citar novamente é do Navita Translator, um aplicativo para traduções gratuito, disponível somente para BlackBerry até então, mas com usuários em centenas de países, e a grande maioria concentrada nos Estados Unidos, Canadá e Inglaterra. Em janeiro de 2011, possuía quase um milhão de usuários ativos e usava esse modelo de *mobile advertisement*, mas seu faturamento não passava de alguns milhares de dólares por mês. Você pode conhecer esse software pelo Website www.bbtranslator.com.

Se você criar um aplicativo móvel e quiser trabalhar com publicidade nele, terá de encontrar um anunciante e inserir o *banner* ou Website para celulares ou integrá-lo a uma rede de publicidade móvel (*mobile ad network*). Um anunciante sempre busca informações do perfil do visitante, então, não basta criar o aplicativo, é preciso, de alguma forma lícita, obter informações de seus usuários. Se o aplicativo for gratuito, pode-se solicitar que o usuário se cadastre antes de utilizá-lo, para que seja obtido certo volume de dados sobre ele. Caso contrário, seus *banners* não terão muito valor, porque você não terá como saber quem acessa seu aplicativo.

Ao escolher uma rede de publicidade móvel para seu aplicativo, é importante entender qual é o seu público e se essa rede possui anunciantes para sua região e se é compatível com o perfil do seu público. Por exemplo, se seu público estiver concentrado no Brasil e você integrar seu aplicativo com uma rede de publicidade norte-americana, cujos anunciantes estejam voltados somente para aquele mercado, o negócio não terá sucesso. Não existem ainda redes de publicidade móvel de expressão na América Latina, a maioria delas está nos Estados Unidos e Europa, mas têm anunciantes para todas as partes do mundo.

Confidencialidade é algo muito importante e deve ser levada em consideração. Ao criar um aplicativo de massa, deixe claro qual é a sua política de privacidade, como usará a informação obtida e de que forma irá garantir essa segurança ao seu usuário. Muita gente desiste de usar um aplicativo ao encontrar um cadastro. Já tivemos essa experiência e criamos um processo relativamente simples: o usuário se cadastrava para usar o aplicativo gratuito e recebia por e-mail a licença de uso, que deveria ser copiada e colada num determinado campo na opção configurações. Parece simples, concordam? Mas gerou tanto transtorno que desistimos de coletar informações sobre os usuários. Os problemas mais comuns eram que os usuários não conseguiam executar o processo de copiar e colar, não encontravam o campo, o e-mail não chegava ou ia parar na caixa de lixo eletrônico, dentre outros que parecem simples de resolver, mas que podem ser difíceis para usuários iniciantes.

Qual então seria a saída para conseguir faturamento com um aplicativo que já estava desenvolvido? Encontrar uma rede de publicidade móvel e integrar o aplicativo a ela. Esse processo é bem simples: basicamente a rede fornece um trecho de código para ser inserido no seu aplicativo e basta deixar um espaço para o *banner*. Uma vez integrado, a rede de publicidade móvel começa a enviar *banners* de seus patrocinadores para seu aplicativo. Mesmo não tendo todas as informações de usuários, com algumas delas já se pode segmentar o público, como, por exemplo, por sua localização. Por meio da operadora ou do código de área do usuário, é possível saber em que região ele se encontra. Essas redes geralmente fornecem, juntamente com os dados de faturamento, cliques, visualizações e informações de posicionamento geográfico. É também possível obter muitas informações interessantes na loja de aplicativos em que for cadastrado o seu software. Lá tem uma série de relatórios por país, por dispositivo, por idioma, etc.

Mas não pense que você lançará um aplicativo e ficará rico em dois meses. O faturamento com publicidade móvel ainda não impressiona, infelizmente. Se você conseguir criar um aplicativo e vender diretamente para seu anunciante, terá um resultado muito melhor, mas é bem mais difícil. Essas redes fazem toda a parte chata, que é negociar com o cliente, convencê-lo a investir e fornecer todos os relatórios, mas, por isso, ficam com a maior parte do faturamento.

A melhor estratégia depende do que você é capaz de fazer. Montar uma rede de publicidade é um excelente negócio, mas de nada adianta se você não tiver os patrocinadores e um inventário de aplicativos para explorar. Criar um aplicativo para venda direta exige que se tenha patrocinador, informações da base de usuários e relatórios completos sobre cliques, visualizações, etc. Integrar com a rede é mais fácil, ganha-se menos, mas não se incomoda. A decisão é sua.

3
MDM – MOBILE DEVICE MANAGEMENT

"O tempo foi passando e as empresas, percebendo que não poderiam continuar tratando a mobilidade com amadorismo, se deram conta de que era preciso organizar a bagunça e dar atenção ao assunto."

Os telefones celulares já invadiram as empresas há algum tempo, mas foi na metade dos anos 2000 que surgiram os smartphones no ambiente corporativo, e com eles veio a integração com e-mail e PIM (*Personal Information Management*), que contempla calendário, agenda de contatos, tarefas, anotações e demais funcionalidades presentes nos servidores de correio eletrônico como o Microsoft Exchange e o IBM Lotus Domino, dentre outros.

> "Uma vez entregue um dispositivo com e-mail móvel, a expectativa era de que funcionasse sempre..."

Os dispositivos BlackBerry foram os primeiros a conquistar espaço no mundo corporativo e, ao chegarem com o BES (*BlackBerry Enterprise Server*), exigiam um servidor para que o BES fosse instalado. Algumas empresas simplesmente instalaram o software, que passou a levar colaboração aos dispositivos móveis. Diretores de empresas que estivessem fora do escritório podiam, então, checar e-mails em qualquer lugar usando seu BlackBerry. Fantástico, maravilhoso. Todos adoraram. Mas com a bonança sempre vem a tempestade! Uma vez entregue um dispositivo com e-mail móvel, a expectativa era de que funcionasse sempre, mas a mobilidade não estava sendo usada como deveria, afinal de contas, aqueles eram apenas "uns celulares metidos a besta". A maioria das empresas não seguia a recomendação do fabricante de deixar o ambiente estável, então, era um show de horror, porque o serviço não ficava 100% disponível; longe disso, problemas aconteciam praticamente todas as semanas, e demorava-se muito para encontrar uma solução. Os administradores de TI que receberam esse "presente" não estavam preparados para estruturar um ambiente planejado e oferecer suporte a seus usuários com qualidade.

O tempo foi passando e as empresas, percebendo que não poderiam continuar tratando a mobilidade com amadorismo, se deram conta de que era preciso organizar a bagunça e dar atenção ao assunto da mesma forma que davam para os demais serviços da empresa, com a diferença de que, se qualquer outro serviço parasse, a diretoria toda poderia não perceber, mas se a mobilidade não funcionasse, seria a diretoria que avisaria a área de tecnologia que o serviço está fora do ar. Esse "usuário de ouro" tem mais força, porque não pode ter a imagem de que seu departamento de tecnologia é incompetente e incapaz de administrar os serviços de mobilidade! Para um "usuário de ouro", administrar o serviço de mobilidade deveria ser mais simples que administrar qualquer outro serviço de TI, e ele gostaria de ter esse serviço disponível sempre e dificilmente estaria disposto a ouvir desculpas, esperando apenas por uma solução. Então, não havia outra coisa a fazer senão profissionalizar a mobilidade. Mas como fazer isso?

Na maioria das empresas, a arquitetura utilizada não era a mais adequada, portanto, precisava de uma nova, o que implicaria a reinstalação de todo o sistema. E de nada adiantaria reinstalar softwares e servidores para deixar o ambiente como recomendado se um plano de suporte não fosse também estruturado e implementado. O desafio começava a ficar mais claro.

Empresas se especializaram nesse tipo de serviço e passaram a ajudar os clientes a administrar seus ambientes. Algumas empresas perceberam que esse não era seu *core business* e decidiram terceirizar a operação da mobilidade; outras enviaram seus administradores de correio eletrônico para cursos de capacitação, que passaram a dividir a função entre e-mail e mobilidade. O tempo de resposta continuava sendo maior, porque, como até então não havia suporte dos fabricantes, toda vez que um problema surgia, era somente uma única pessoa que trabalhava para solucioná-lo. Restava apenas o apoio das operadoras, que não detinham conhecimento técnico suficiente para resolver todos os problemas rapidamente. Enquanto não fosse realmente um problema, estava tudo bem deixar o sistema indisponível por um ou dois dias.

A maturidade finalmente chegou ao mercado corporativo entre 2008 e 2010 (para algumas empresas bem antes disso, mas quando falo de mercado, refiro-me à maioria), e diversas empresas perceberam que precisavam administrar a mobilidade, fosse montando um time interno competente ou terceirizando o serviço. Vários gestores de TI que insistiram em tentar administrar internamente tiveram seus cargos ocupados por sucessores, infelizmente. Outros tantos conseguiram implantar com sucesso um time de administração de serviços móveis internamente.

A administração da mobilidade envolve diversos pontos, dentre eles:

- Gestão do servidor de integração (BES, Microsoft Active Sync, etc.).
- Suporte aos softwares servidores.
- Administração de hardware.
- Suporte aos usuários.
- Gestão dos dispositivos (administração, segurança, políticas, etc.).
- Gerenciamento de reparos.
- Gestão de inventário.
- Monitoração do ambiente.
- Gestão de operadoras de telefonia móvel.
- Relacionamento com os fabricantes dos softwares e dispositivos.
- Gerenciamento e suporte de aplicativos móveis.

Esses são apenas alguns dos pontos que devemos observar para ter sucesso com a mobilidade corporativa. E foi por causa disso que surgiu a expressão *mobile device management*, ou gerenciamento de dispositivos móveis. Porque gerenciar a mobilidade é preciso, mas não é uma tarefa fácil, e por causa da sua velocidade torna-se ainda mais desafiador. A velocidade a que me refiro é aquela com que as empresas foram invadidas por smartphones, sem dar chance aos gestores de departamentos de tecnologia de se organizar, planejar e se preparar para isso. Muitas vezes, e por causa disso, a mobilidade era vista como um problema pelos gestores de TI. Mas, ao mesmo tempo em que se preocupavam em atender seus usuários internos, diretores em sua maioria, tinham que tomar cuidado para evitar que o ambiente corporativo fosse colocado em risco ou exposto de forma descontrolada. O gerenciamento de dispositivos móveis é um dos principais desafios corporativos da atualidade. A velocidade com que surgem novas tecnologias e a falta de percepção do que será a mobilidade no futuro trazem um desafio incomensurável. Se as empresas adotassem apenas um modelo de telefone inteligente e apenas uma operadora, não seria tão difícil, mas a verdade é que elas possuem parques heterogêneos de dispositivos e trabalham com várias operadoras ao mesmo tempo, por questões de cobertura, financeiras ou por contratos herdados. Sejam lá quais forem os motivos, o problema existe e cabe aos gestores de TI e telecom administrá-lo. Mas nem tudo está perdido e, uma vez posto o problema, é chegada a hora de pensar em como solucioná-lo.

A partir de agora, referimo-nos ao gerenciamento de dispositivos móveis, ou *mobile device management*, simplesmente como MDM. E começamos explorando esse conceito e, depois, avançando por todas as disciplinas, com sugestões de como implementar MDM nas empresas.

> "Procure separar todos os seus usuários em grupos, por perfil e por dispositivo móvel que usam. Isso permitirá uma projeção do tempo de duração de um dispositivo para cada grupo."

MDM é, segundo o Website whatis.com, um procedimento ou ferramenta cuja intenção é distribuir aplicações, dados e configurações para dispositivos móveis como PDAs, smartphones ou tablets. A intenção do MDM é otimizar as funcionalidades e a segurança da comunicação entre os dispositivos móveis e a organização, enquanto minimiza custos e indisponibilidade. MDM permite que administradores inspecionem a operação de telefones celulares convencionais, smartphones, tablets e dispositivos similares tão facilmente como é feito com computadores desktop.

3.1. CICLO DE VIDA DE DISPOSITIVOS MÓVEIS

Qual o ciclo de vida de um dispositivo móvel? Depende do seu modelo de negócio e do perfil de seus usuários. Em alguns casos, temos usuários que tomam muito cuidado com o equipamento; em outros, usuários que tratam o dispositivo como um objeto de desejo e não de trabalho, ou então aqueles que o utilizam em situações adversas, aumentando muito o risco de quebra, perda e extravio. Não existe uma receita de bolo para definir qual é o ciclo de vida de dispositivos móveis de uma empresa. Há, na verdade, alguns pontos que devem ser observados para determinar qual será o ciclo de vida para cada grupo de usuários da sua empresa. Uma vez compreendido isso, é possível planejar melhor os investimentos na troca do parque de dispositivos móveis ou substituição destes ao longo do contrato com sua operadora.

Procure separar todos os seus usuários em grupos, por perfil e por dispositivo móvel que usam. Isso permitirá uma projeção do tempo de duração de um dispositivo para cada grupo. Compreendendo o custo de cada dispositivo, será possível prever custos de reparo ou substituição ao longo do contrato, evitando que trocas de dispositivos consumam a verba planejada para investimento, prejudicando seu planejamento anual. Como fazer isso? Damos um exemplo a seguir.

Imaginemos que a empresa C trabalha com três tipos de dispositivos: Z, T, U. Vamos separar os usuários em grupos:

- Presidente e diretores.
- Gerentes Regional Sul.
- Gerentes Regional Norte.
- Gerentes das demais regionais.
- Coordenadores.
- Equipe de Vendas (AFV – Automação de Força de Vendas).
- Equipe de Atendimento em Campo (AFC – Automação de Força de Campo).

Os diretores e o presidente ficaram com dispositivos Z, enquanto os gerentes, os coordenadores e a equipe de vendas, com dispositivos T e a equipe de atendimento em campo, com dispositivos U. Vejamos isso na Tabela 3.1.

Tabela 3.1 – Distribuição de dispositivos entre os grupos de usuários da empresa C

Grupo	Dispositivo	Custo	Usuários	Trocas	Custo	Comodato	Custo Real
Diretores	Z	R$ 2 mil	15	15	R$ 30 mil	Sim	R$ 0
Gerentes Sul	T	R$ 1,5 mil	20	4	R$ 6 mil	Não	R$ 6 mil
Gerentes Norte	T	R$ 1,5 mil	10	5	R$ 7,5 mil	Não	R$ 7,5 mil
Outros Gerentes	T	R$ 1,5 mil	20	4	R$ 6 mil	Não	R$ 6 mil
Coordenadores	T	R$ 1,5 mil	55	2	R$ 3 mil	Não	R$ 3 mil
AFV	T	R$ 1,5 mil	30	0	R$ 0	Não	R$ 0
AFC	U	R$ 2,5 mil	70	2	R$ 5 mil	Não	R$ 5 mil
TOTAL			220	32	R$ 57,5 mil		R$ 27,5 mil

A tabela apresenta o mapeamento de uma situação em que os dispositivos da diretoria estão prestes a ser trocados por conta de um acordo com a operadora, que fornece aparelhos em comodato a cada dois anos. Os demais têm previsões de troca durante o ciclo de vida, porque não completarão dois anos no ano corrente. Nesse caso, o investimento planejado com troca seria de R$ 27.500, porque não haverá o custo de R$ 30 mil com a troca para a diretoria, já que será absorvido pelo contrato. Você pode estar se perguntando o motivo de os equipamentos da força de campo serem os mais caros. Consideramos, nesse exemplo, que o time de campo utiliza aparelhos robustos, de modo que o índice de quebra é muito menor que os demais e, por isso, somente seriam substituídos em casos de perda ou roubo. Os demais poderiam ter a substituição planejada por quebra, perda, roubo ou qualquer outro motivo.

> " Planejar o ciclo de vida desses dispositivos depende muito de nós mesmos, de conhecer seus usuários, além de aprender ao longo do tempo sobre o funcionamento dos tipos de dispositivos, conforme eles surgem. "

O importante nesse exercício não é a exatidão dos números ou do planejado. Se todo ano essa segmentação for trabalhada, você passará a ter um histórico para cada grupo analisado e isso lhe trará conhecimento e, consequentemente, mais segurança e assertividade no planejamento de investimento em dispositivos ao longo do tempo. Esse tipo de visão ajuda a entender se é melhor investir em equipamentos parrudos, com menor índice de substituição por quebra, ou não. Ajuda também a decidir quais dispositivos podem ser adquiridos mediante comodato com a operadora ou não. Ou se seria melhor terceirizar a aquisição dos dispositivos, para evitar custos com recuperação ou conserto, ou contratar um seguro para se prevenir contra perdas ou roubo. Entendendo a sua empresa e os seus usuários, fica mais fácil planejar o ciclo de vida dos seus dispositivos e o investimento necessário, para não deixar seu cliente interno sem sua ferramenta móvel de trabalho.

Planejar o ciclo de vida desses dispositivos depende muito de nós mesmos, de conhecer seus usuários, além de aprender ao longo do tempo sobre o funcionamento dos tipos de dispositivos, conforme eles surgem. Por exemplo, os tablets estão começando a chegar às empresas (entre 2010 e 2011, quando este livro foi escrito) e, portanto, como saber quanto tempo durarão? Resposta difícil, porque isso dependerá do cuidado que os colaboradores da sua empresa terão com o dispositivo, do ambiente em que serão usados, se em uma fábrica ou um escritório, e da frequência de uso, se em período integral ou talvez esporadicamente, em apresentações, por exemplo. Pode ser utilizado por colaboradores durante visitas a seus clientes para fechar pedidos, mapear concorrência ou mesmo para atendimentos técnicos. E se o uso contínuo afetar o tempo de duração da bateria? Alguém que está sempre de cliente em cliente não terá tempo de carregar a bateria de um tablet quando for preciso. Se seu itinerário de visitas dura oito horas e a bateria está disponível por apenas quatro horas, após um ano de uso do equipamento, o que fazer? Trocar todo o parque ou procurar atender somente a metade dos clientes? Qual seria o prejuízo para a empresa se o problema da bateria gerasse atraso de um dia em metade dos pedidos? Talvez, o custo gerado seja maior do que trocar o parque de dispositivos inteiro. O que quero dizer é que, embora não exista uma regra, devemos estabelecer os parâmetros de avaliação para se aproximar ao máximo da compreensão do ciclo de vida desses tipos de computadores pessoais, gerenciando sua troca e o investimento. Sempre surgirão novos tipos de dispositivos que terão de ser avaliados com base em algum modelo próximo, mas que poderão nos surpreender justamente por serem novos, e as surpresas podem não ser agradáveis.

Mesmo que seu planejamento esteja próximo da perfeição, recomendo que sempre seja lançado um percentual de custo para trocas e reparos não planejados, pois não há como prever situações adversas como roubo, quebra e acidentes. É melhor trabalhar com reservas para se prevenir contra o pior, e encerrar o ano com tranquilidade por não ter utilizado a verba toda, do que ser surpreendido com despesas extras. Eu mesmo comprei dois iPads 2 poucas semanas após seu lançamento e, com menos de um mês de uso, um deles caiu e trincou a tela. Depois disso, resolvi investir em capas de proteção.

3.2 CONHEÇA SEU AMBIENTE DE MOBILIDADE

Se você é novo na área de mobilidade, já deve ter percebido que o desafio de gerenciar uma frota de dispositivos móveis em uma empresa não é pequeno! Definitivamente não é! Se você está assumindo agora essa responsabilidade ou se está cansado de gerenciar a mobilidade sem planejamento, ou mesmo se os problemas dessa atividade estão consumindo seu tempo e de sua equipe e até prejudicando o desempenho de forma geral, então diga CHEGA! Vamos analisar o que deve ser feito para organizar a mobilidade corporativa e por onde começar.

- **Mapeie seu ecossistema**
  Levante todo o seu parque de mobilidade, desde dispositivos móveis até softwares adquiridos para integração ou para gestão do serviço. Identifique todos os contratos com operadoras e quais seus benefícios e direitos. Siga também a sugestão anterior para identificar qual o ciclo de vida do seu parque.

Separe os dispositivos móveis por perfil e por sistema operacional. Existe a possibilidade de padronização? Se sua empresa possui inúmeros tipos de dispositivos, sistemas operacionais, etc., entenda os motivos e veja o que pode ser feito para reduzir o esforço de gestão.

- **Mapeie os softwares**
A empresa possui aplicativos móveis utilizados internamente ou para serviços de campo? Quais são os contratos com seus fornecedores? Qual o histórico de evolução? Quem é o responsável por esses softwares? Estão com as últimas versões instaladas? O ambiente é suportado pelo fabricante?

  Se esse trabalho nunca foi feito antes é provável que você encontre softwares adquiridos que nunca foram utilizados de fato, ou então outros que são necessários, mas ainda não foram adquiridos, ou ainda os que estejam desatualizados, acarretando problemas de suporte e indisponibilidade. Prepare-se porque certamente você será surpreendido.

- **Mapeie as operadoras**
Com quantas operadoras a empresa trabalha e por qual motivo? Entenda as razões por que essas operadoras foram escolhidas; é possível que a escolha tenha sido feita unicamente com base no melhor preço, sem que tenha sido considerada a cobertura ou a qualidade do serviço. Também é comum descobrir nesse tipo de mapeamento que a empresa passou a trabalhar com uma determinada operadora porque era a única no momento que tinha disponível o equipamento desejado por um diretor. Então, a equipe gestora passou a ter de administrar mais uma operadora com pouquíssimos usuários só para atender a preferência de um diretor. Nesse caso, talvez seja mais fácil comprar o equipamento fora.

  Identifique quais operadoras realmente são necessárias e não tome nenhuma decisão de reavaliação sem antes ler o Capítulo 4, sobre gestão de custos de telecom.

- **Mapeie o suporte disponível**
Existe suporte? Sob quais condições? Quais são os níveis de serviços ou SLAs (*Service Level Agreement*) disponíveis para cada tipo de serviço ou software? Mapeie tudo e, se não houver nenhum, monte um plano para estabelecê-los imediatamente. Não se pode ficar sem suporte a aplicativos, serviços ou dispositivos.

    Não se desespere se descobrir que a empresa está descoberta, imaginando que, se algum problema grave acontecer, você talvez esteja sozinho. Como mencionei antes, a mobilidade invadiu as empresas e não nos deu chance ou tempo para planejar e organizar tudo. Mas com certeza esse mapeamento o fará entender o que realmente precisa ser feito.

    "As pessoas precisam de orientação sobre como devem se comportar com smartphones e tablets, principalmente em reuniões."

- **Mapeie o nível de gestão necessário**
Após obter um panorama da mobilidade na sua empresa, você entenderá qual é o nível de gestão que tem sobre ela e deverá mapeá-lo. Com isso, saberá o que precisa procurar e implantar para alcançar um nível mínimo de qualidade de serviço e, depois disso, poderá se comprometer com a organização. Se fizer um bom mapeamento, ele será suficiente para justificar qualquer investimento necessário. É simples se for exposto dessa forma: "Hoje temos isso! Mas devemos ter aquilo! E precisamos desse investimento para chegar lá". Você deve estar pensando como saber aonde chegar se não conhece tudo ainda sobre mobilidade. Calma, a seguir vamos discutir o que pode ser gerenciado em termos de mobilidade.

- **BYOD (Bring Your Own Device)**
Essa experiência é relativamente nova, mas muito interessante, com potencial de alavancar rapidamente a mobilidade dentro das empresas, porque supera a barreira do investimento. O conceito "traga seu próprio dispositivo" nada mais é do que um acordo

entre empresa e colaboradores para que estes tragam seus dispositivos para acessar os sistemas corporativos. Na maioria das vezes, o colaborador fica responsável pelo custo do dispositivo e os custos com telecomunicações, ou seja, planos de dados e voz. A empresa, por sua vez, deve determinar as regras para o acordo funcionar. Em geral, quando meus clientes me perguntam o que devem fazer, sugiro que definam a política da maneira que melhor convier para a empresa. O ideal seria a empresa oferecer controle e segurança para o dispositivo; na prática: MDM. O colaborador pode até reclamar, alegando que o dispositivo é dele e que paga pelos custos de telecom, mas o que a empresa está oferecendo não é algo ruim, ao contrário, é um benefício porque, se o colaborador perder o dispositivo, a equipe de MDM poderá ajudar a encontrá-lo por meio do sistema de geolocalização; ou se for furtado e tiver dados pessoais como fotos da família, agenda de compromissos, tudo poderá ser apagado, trazendo mais segurança para o colaborador e sua família.

O ambiente social da mobilidade

Além dos ambientes físicos e tecnológicos da mobilidade em sua empresa, procure também entender o ambiente social da mobilidade corporativa; o que quero dizer é que está mais do que na hora de as empresas investirem em boas práticas do uso da mobilidade. Departamentos de Recursos Humanos (ou qualquer nome bonito que sua empresa venha a usar para o departamento que deve cuidar e se preocupar com as pessoas) ainda não tomaram conhecimento do quão importante é preparar materiais, treinamentos e qualquer outro tipo de conteúdo para orientar seus colaboradores sobre:

- **Etiqueta da mobilidade** – As pessoas precisam de orientação sobre como devem se comportar com smartphones e tablets, principalmente em reuniões. Algumas são tão deselegantes que deixam a reunião para responder a e-mails e não retornam mais. Em algumas reuniões com minha equipe, eu até tolero o uso de dispositivos móveis, mas em outras peço para que os smartphones sejam colocados sobre a mesa, bem ao centro dela, inibindo o seu uso. Isso faz com que a pessoa sofra, mas não aproxime a mão do aparelho. E o que mais me irrita é quando chamo a atenção de alguém que esteja respondendo e-mail e ele diz que se trata de um "e-mail importante". Com uma resposta como essa, tal pessoa me faz crer que o assunto, a reunião e tudo o que está sendo discutido não têm importância. E, claro, quase sempre não é um e-mail tão importante assim que não possa esperar a reunião terminar. Preocupe-se com a maneira como você e os colaboradores da sua empresa se comportam em reuniões de negócios quando estão munidos de dispositivos móveis.

> "Várias pessoas tornam-se escravas da mobilidade após poucos dias, e isso não é saudável."

- **Uso consciente da mobilidade** – Outro tipo de recomendação importante para os colaboradores de uma empresa é sobre como usar conscientemente dispositivos móveis. Não é porque uma pessoa sabe que a outra tem um smartphone que pode enviar mensagens e cobrar respostas num sábado à noite. Várias pessoas tornam-se escravas da mobilidade após poucos dias, e isso não é saudável. Outras a usam com intensidade, mas sem abuso. Preferem antecipar trabalho e seguir o dia a dia num ritmo mais calmo, se é que isso seja possível. De vez em quando, costumo tirar algumas horas durante os finais de semana para responder e-mails atrasados, e certo dia algumas pessoas do meu time vieram reclamar que eu os estava pressionando a trabalhar nos dias de folga quando, na verdade, eu estava apenas respondendo a e-mails e tentando colocar minha caixa postal em dia. Depois disso, aprendi a lição e, sempre que quero enviar uma mensagem fora do horário comercial, começo o e-mail com uma mensagem do tipo "na semana que vem, quando possível, cuide desse assunto...".

- **Produtividade** – Os softwares de *instant messaging*, ou comunicação instantânea por mensagens de texto, facilitam muitas coisas, mas, quando profissionais fazem uma reunião por conversas de texto via dispositivos móveis, não estão sendo nada produtivos. Esse tipo de software é bom para recados rápidos e para verificar se a outra pessoa está disponível para receber uma chamada telefônica. Uma conversa telefônica é, em geral, de quatro a seis vezes mais rápida e eficiente. As pessoas precisam entender os recursos e utilizá-los de forma inteligente.

Enfim, estes são apenas alguns pontos, os quais todas as empresas e principalmente os profissionais de RH deveriam observar de modo a começar a trabalhar para que a mobilidade não seja utilizada de forma equivocada e nem gere problemas e prejuízos. Estabelecer práticas e processos para orientar os colaboradores agora será muito, mas muito mais fácil que no futuro. E o mercado como um todo deve fazê-lo, do contrário, já não falaremos em orientação dos colaboradores, mas, sim, em eliminar vícios de comunicação ou de uso da mobilidade.

A partir do momento em que uma empresa conhece seu ambiente de mobilidade, tudo fica mais fácil. Não é possível começar a planejar uma casa sem saber em qual terreno será construída, ou para que perfil de família, ou ainda sem saber quantos andares deve ter ou o número de banheiros necessários. Eu sempre faço analogias com construção civil porque acredito ser essa a maneira mais fácil de fazer as pessoas entenderem que "a casa pode cair" se não houver as informações básicas para construí-la.

3.3 GESTÃO DOS SERVIÇOS MÓVEIS

Para poder gerenciar os serviços móveis de sua empresa, é preciso entender todas as disciplinas do MDM e saber como trabalhar com cada uma delas. Antes de qualquer coisa, é preciso deixar claro que não existe mágica, tampouco um software que vá salvar sua vida e, da noite para o dia, trazer a melhor qualidade sem nenhum esforço. O primeiro passo é descobrir o que é importante de ser gerenciado.

A maioria das ações ou configurações pode ser realizada por usuário, grupo de usuários ou para todos os usuários de uma vez só. E nem todas as plataformas permitem que sejam realizadas remotamente via softwares de MDM. No momento em que este livro estava sendo escrito, início de 2011, as plataformas mais abertas para esse tipo de gerenciamento, ou de integração com softwares de MDM, eram BlackBerry e Windows, seguidas do Symbian, com menos abertura que as duas primeiras, mas não menos que as seguintes, e, por fim, iOS da Apple e Android do Google, que ainda não permitiam realizar muitas das ações básicas via integração, fazendo as ferramentas de MDM perderem algumas dessas funcionalidades quando tratadas para seus sistemas operacionais. Mas para que iOS e Android estivessem mais abertos ou aptos na integração para gerenciamento era apenas uma questão de tempo.

Outro ponto importante é que um software de MDM é básico para a gestão de serviços móveis, mas tão importante quanto o software são os processos de gestão. E muitas empresas enfrentaram uma série de dificuldades ao adquirir um software de MDM sem, contudo, conseguir estabelecer os processos mínimos para o sucesso na gestão de mobilidade.

3.3.1 Segurança

Segurança é um dos principais motivadores da implantação de MDM nas empresas. A facilidade de se perder um dispositivo móvel e o perigo de expor informações confidenciais por si só justificam a preocupação. Mas existem várias formas de controlar o parque de dispositivos da sua empresa. Vamos conhecer as funcionalidades mais comuns que um projeto de MDM deve oferecer:

- **Limpeza remota (wipe)**
  A limpeza remota é uma funcionalidade básica que deve estar disponível para todos os seus dispositivos. Por meio dela é pos-

sível realizar um *remote wipe*, ou seja, apagar todos os dados do dispositivo remotamente. Se um usuário perder ou esquecer um equipamento em que estão armazenadas informações importantes da sua empresa e que possa ser acessado por outra pessoa, não há dúvidas de que seus dados precisam ser apagados, mas isso somente será possível se um software de MDM estiver sendo usado para essa gestão.

> "Não basta poder realizar o backup remoto, é preciso fazer restauração remota também."

- **Backup remoto**
  O backup remoto de dispositivos móveis geralmente salva as configurações, os aplicativos e as informações de integração com servidor de e-mail. Reinstalar ou recuperar dispositivos é mais comum do que se imagina, então é bom que se tenha backup de todas as suas informações. Uma vez que essa cópia esteja feita, empresa e usuário passam a ter tranquilidade sobre a guarda das informações e configurações do seu dispositivo, facilitando uma eventual restauração.

- **Restauração remota**
  Não basta poder realizar o backup remoto, é preciso fazer restauração remota também. Uma vez que se tenha o backup das configurações, do servidor e geralmente de uma interface Web, o administrador pode enviar comandos para restaurar as configurações originais do usuário. Nesse processo também estarão salvas as configurações de conectividade com os sistemas corporativos, exceto a senha, que não deve ficar armazenada.

- **Bloqueio de dispositivo**
  Seu usuário perdeu o dispositivo? Bem, seria prematuro apagar todos os dados. Nesse caso, uma solução interessante seria o bloqueio remoto do dispositivo. O administrador pode forçar a troca de senha via servidor MDM para impedir o acesso aos dados por

qualquer outra pessoa. Caso o usuário encontre mais tarde seu equipamento, o administrador poderá trocar a senha e fornecer-lhe uma nova.

- **Envio de mensagens**
  Os usuários de serviços de mobilidade da sua empresa podem ser informados sobre possíveis indisponibilidades, manutenções no sistema, instabilidades nas redes de operadoras ou de serviços internos da empresa por meio do envio de mensagem. Com essa funcionalidade, está criado um canal de comunicação entre administradores de MDM e usuários de dispositivos móveis. Além de útil para a informação sobre as funções operacionais do sistema, pode-se lançar mão desse recurso para enviar mensagens motivacionais às equipes de vendas ou para qualquer tipo de mensagem corporativa que sua criatividade permitir, mas o mais comum mesmo é a utilização para a comunicação entre administradores e usuários.

- **Forçar o uso de senha**
  Se seus usuários usam smartphones ou tablets sem a proteção de uma senha no dispositivo, como administrador você pode forçá-los a usar uma. Sem entrar no mérito da importância do uso de senha de um dispositivo, lembramos que basta um minuto de descuido para que seu celular possa ser acessado por qualquer curioso que esteja próximo. Forçar a senha pode ser uma política da sua empresa e todos os usuários deverão aceitar essa exigência.

- **Troca de senha remota**
  E se você implanta uma senha e o usuário a esquece? Simples, via console do servidor é possível forçar a alteração da senha e enviar um comando para o e-mail do usuário que permita a criação de uma nova senha. Esse tipo de chamado passa a ser muito comum depois de implantado o uso de senha em um ambiente corporativo.

- **Criptografia**
  O uso de criptografia é importante e deve ser explorado. As informações de configuração do usuário podem ser armazenadas criptografadas no servidor, enquanto a comunicação entre dispositivos e sistemas legados da empresa pode ser realizada via um canal seguro de comunicação e com o uso de criptografia para aumentar ainda mais a segurança na mobilidade corporativa.

- **Bloqueio de bluetooth**
  Muitas empresas impedem o uso de diversos recursos para evitar o vazamento de informações, mas se esquecem de que a comunicação por bluetooth também é vulnerável. Se sua empresa considerar que os dispositivos não devem usar comunicação bluetooth, basta usar o software de MDM para bloqueá-la.

- **Bloqueio de browser**
  Outro bloqueio comum é o de acesso a *sites* da internet, que impede o uso do navegador, ou browser. Empresas que entregam dispositivos móveis para que seus funcionários executem determinadas tarefas, mas não querem que eles os utilizem para acessar *sites* e navegar por páginas, que não estejam relacionadas ao seu trabalho, removem o browser. Claro que, se não houver uma política de segurança que impeça a instalação de softwares, qualquer usuário poderá instalar outro browser e acessar todos os *sites* da internet.

- **Bloqueio de Wi-Fi**
  Da mesma forma, o acesso a redes sem fio pode ser bloqueado para usuários ou grupo de usuários da sua empresa.

- **Bloqueio de câmera**
  O bloqueio de câmeras pode ser usado apenas para que o usuário não utilize um recurso corporativo para fotografar ou filmar. Empresas que atuam no desenvolvimento de produtos em absoluto sigilo não podem correr o risco de ter, em seu ambiente corporativo, alguém com uma câmera nas mãos. Um fabricante de automóveis

ou aeronaves, por exemplo, não deve permitir o acesso às áreas de desenvolvimento de produtos de funcionários que estejam portando algum tipo de equipamento que possa registrar imagens do que estiver sendo desenvolvido. Utilize o MDM para bloquear câmeras e aumente a segurança de informações sigilosas.

> " A tendência é que muitos aplicativos móveis sejam desenvolvidos para sua empresa ou mesmo que seus usuários instalem diversos deles... "

- **Bloqueio de GPS**
  GPS (*Global Positioning System*, ou sistema global de posicionamento) é um acessório de dispositivos móveis que está praticamente se tornando um recurso básico desses produtos porque, hoje em dia, quase todos possuem. Mas depende da política da sua empresa permitir ou bloquear o seu uso, e isso pode ser feito por meio de softwares de MDM.

- **Demais bloqueios**
  Outros bloqueios, como o de softwares para acesso a *sites* como Youtube ou a serviços como iTunes, também podem ser realizados por meio de softwares de MDM.

- **Acesso remoto ao dispositivo**
  O acesso remoto ao dispositivo pode ser necessário por vários motivos, mas um dos mais úteis é o suporte remoto. Um aplicativo instalado no dispositivo móvel permite ao usuário dar acesso remoto temporário para que um profissional de suporte o acesse, configure e desconecte, perdendo o direito de acesso. Enquanto o dispositivo estiver sendo configurado, o usuário pode acompanhar o que está sendo feito, ou seja, se o analista de suporte tentar, por exemplo, ler algum e-mail ou realizar alguma outra operação estranha, o proprietário do smartphone ou tablet poderá ver e cortar a conexão.

Outro ponto relacionado à segurança e de suma importância são as políticas de TI que podem ser configuradas, mas elas são discutidas logo mais adiante.

> "Os gestores de segurança mais rígidos [...] geralmente preferem proibir tudo e liberar instalações somente mediante a necessidade e a avaliação de risco."

3.3.2 Gerenciamento de aplicativos

Talvez isso possa não parecer importante para você hoje, mas, se ainda não é, certamente o será em breve. A tendência é que muitos aplicativos móveis sejam desenvolvidos para sua empresa ou mesmo que seus usuários instalem diversos deles, mas, nesse caso, trazendo riscos indesejáveis para sua gestão. Confira a seguir as operações mais comuns que um software de MDM deve fornecer:

- **Instalação de aplicativos OTA (*Over The Air*)**
  Antes havia apenas duas formas de instalar um aplicativo: coletar todos os dispositivos e instalar o software via cabo ou enviar SMS com um link e torcer para que o usuário clicasse e instalasse corretamente. A manutenção e a instalação de novas versões traziam a mesma preocupação. Hoje as ferramentas de MDM permitem que aplicativos sejam instalados remotamente e sem a intervenção do usuário. Do console do servidor, o administrador determina qual será o software a ser instalado e para quais usuários ou grupos de usuários. Ele dispara o comando e o MDM instala silenciosamente o aplicativo sem que o usuário possa intervir. E funciona da mesma forma para efetuar atualizações.

  > "Ao contrário da lista branca, a lista negra de aplicativos (*blacklist* apps) traz todos os softwares

que não podem ser instalados em dispositivos de uma determinada organização. "

- **Remoção de aplicativos OTA**
  Se é possível instalar aplicativos remotamente, removê-los também é. Um software de MDM combina esse tipo de funcionalidade com o módulo de inventário, pelo qual se podem listar todos os softwares instalados nos dispositivos da sua empresa. E se for preciso remover qualquer um deles, basta o administrador realizar a operação a partir do servidor. Dependendo da plataforma, podem existir limitações. Até as versões 2.x do Android, ainda não era possível remover aplicativos por falta de API de integração com o sistema operacional, mas essa funcionalidade deverá surgir a partir da versão 3.

- **Lista branca de aplicativos**
  Lista branca de aplicativos (*whitelist* apps) é quando uma política é criada para permitir que apenas alguns aplicativos sejam instalados pelos usuários de mobilidade de uma empresa. Ou seja, nenhum software poderá ser instalado em um dispositivo móvel, exceto os que estejam relacionados na lista branca. Os gestores de segurança mais rígidos optam pela lista branca porque geralmente preferem proibir tudo e liberar instalações somente mediante a necessidade e a avaliação de risco. Uma forma fácil de criar uma lista branca de aplicativos é por meio de uma loja de aplicativos privada. Por exemplo, sua empresa pode criar uma loja exclusiva de aplicativos para iPhone e iPad, permitindo que seus colaboradores instalem todo e qualquer aplicativo móvel disponível nessa loja.

- **Lista negra de aplicativos**
  Ao contrário da lista branca, a lista negra de aplicativos (*blacklist* apps) traz todos os softwares que não podem ser instalados em dispositivos de uma determinada organização. Se o aplicativo estiver na lista negra, ele não poderá ser instalado porque foi criada uma proteção que impede isso.

- **Atualização de aplicativos em background**
  Softwares de MDM também permitem que a atualização de aplicativos seja feita em background, ou seja, sem que o usuário perceba e sem prejudicar o desempenho do dispositivo ou de sua conectividade. Além da atualização em background, o sistema poderá ser configurado para que as instalações ou atualizações sejam realizadas em horários predeterminados, para não atrapalhar as atividades corporativas. Assim, instalações e atualizações de aplicativos, mesmo que sejam enviadas durante o horário comercial, podem ser programadas para execução em horário previamente definido pela política de MDM, que poderia ser à noite, por exemplo.

- **Implantação automática de aplicativos**
  A implantação automática de aplicativos evita que o usuário dê permissão para uma instalação remota. O servidor cuida de 100% do processo, sem a intervenção do usuário.

- **Atualização de aplicativos baseada em eventos**
  O administrador pode definir que uma atualização de aplicativo seja realizada sempre na ocorrência de algum evento. Por exemplo, após enviada a atualização, o sistema espera que o aplicativo entre em modo de espera ou que seja bloqueado por senha. Essa funcionalidade também ajuda a evitar que a instalação, ou a atualização de aplicativos, seja realizada no momento em que o usuário esteja utilizando o equipamento, ou no momento em que ele precise muito de conectividade. São diversos eventos que podem inicializar um processo de atualização de aplicativos. Cada ferramenta de MDM e cada plataforma têm suas peculiaridades.

Um conceito de *sandbox* é utilizado por algumas ferramentas de MDM também, que é um mecanismo de segurança para separar alguns programas dos demais. No caso da mobilidade, um *sandbox* pode ser utilizado para rodar programas de correio eletrônico ou contatos e outros aplicativos móveis corporativos sigilosos. Com essa técnica, o software de MDM pode desabilitar as opções de copiar conteúdo ou mesmo de fazer fotos da tela (*print screen*), garantindo maior segurança corporativa para os dispositivos móveis da empresa.

3.3.3 Gerenciamento de configuração

Gerenciar configurações é tão importante quanto fazer backup delas. São essas configurações que, em casos de recuperação ou troca de um dispositivo móvel, diminuirão muito o esforço para deixar tudo como estava antes de algum incidente.

Conheça os principais tipos de configurações que podem ser gerenciados por softwares de MDM:

- **Configurações default**
  São as configurações genéricas para todos os usuários, as menos restritivas, que liberam tudo ou quase tudo. Definem-se por default as configurações padrão que todos os usuários possuem.

- **Configurações baseadas em grupos**
  Todos os usuários de mobilidade podem ser organizados em grupos, para os quais se podem aplicar configurações específicas. Um exemplo seria a configuração de acesso a informações sigilosas para os diretores usuários da empresa.

- **Configurações baseadas em expressão LDAP**
  Semelhantes às configurações baseadas em grupos, mas com a diferença de que podem ser integradas a um servidor LDAP (*Lightweight Directory Access Protocol*), que é geralmente utilizado para organizar o controle de acesso, o famoso "login do Windows", quando o computador utilizado está em rede e suas credenciais são validadas por um servidor, nesse caso, um servidor LDAP.

  Essas configurações utilizam os grupos existentes no LDAP, mas podem aplicar permissões no próprio software de MDM. É mais automatizado, pois se algo muda no LDAP, automaticamente muda também no MDM. Por exemplo, as configurações de acesso por VPN e acesso aos servidores de arquivos que tenham sido alteradas no LDAP, automaticamente serão herdadas para o MDM e também mudarão para os usuários de dispositivos móveis. Ou seja, combinam-se permissões de ambos, LDAP e MDM.

- **Configurações baseadas em tipos de dispositivos**
  É possível implantar determinadas configurações para apenas alguns dispositivos. Por exemplo, usuários com dispositivos com sistema operacional Windows têm três mapeamentos de rede, enquanto usuários com sistema operacional iOS (iPhones e iPads) não possuem nenhum.

- **Configurações baseadas em usuários**
  Além das permissões do grupo que o usuário recebe, também poderão ser atribuídas algumas permissões específicas para ele. O administrador define quais serão mais permissivas, as configurações do grupo ou do usuário.

- **Controle de aplicativos nativos**
  É possível também manter configurações para os aplicativos nativos de cada sistema operacional.

- **Perfis de conexão de rede**
  Cada vez mais os dispositivos móveis passarão a acessar o ambiente corporativo das empresas e, para isso, é preciso ter controle de acesso e das configurações. Em ferramentas de MDM é possível criar perfis de conexão de rede, mantendo a configuração de conexões de rede pré-configuradas para os usuários.

- **Configurações de e-mail, VPN, Wi-Fi e Bluetooth**
  Todas as credenciais e direções de servidores para acesso ao ambiente de colaboração (e-mail, calendário, contatos, etc.) poderão ser salvas nas configurações de e-mail do software de MDM. Exceto as senhas, claro. Além de e-mail, mas com o mesmo funcio-

namento, poderão ser armazenadas as configurações para acesso VPN, Wi-Fi, Bluetooth, que podem ser locais ou integradas com o servidor LDAP.

- **Configuração de certificados**
  É possível deixar todas as configurações de certificados preparadas para uso, gerenciando certificados HTTPS, SSL, para Wi-Fi, criando um repositório de certificados em geral.

- **Configurações de câmera**
  Essa funcionalidade permite configurar câmeras de dispositivos móveis. Alguns exemplos do que se pode configurar: ligar/desligar, para definir os horários em que as câmeras poderão ser utilizadas; gravar vídeo ou não; local onde imagens e vídeos deverão ser gravados. Essas configurações dependem de quais plataformas estiverem sendo gerenciadas, porque ainda não funcionam para todas.

- **Configurações de políticas de TI**
  Trata-se de criação e manutenção de políticas de TI para os dispositivos. Uma empresa pode definir sua política de TI para o controle do uso de dispositivos móveis e de seus recursos. Em geral, essa política possui dezenas ou até mesmo centenas de definições. Desde habilitar/desabilitar recursos dos equipamentos até a definição de acessos a serviços da empresa por usuário ou horários predefinidos. A definição de políticas de TI é um dos mais importantes processos que devem ser implantados nas empresas para manter a segurança das informações.

- **Configuração de proxy para acesso à internet**
  As configurações de proxy para acesso à internet são salvas da mesma forma que as configurações para acesso VPN ou Wi-Fi. Se uma política de TI tiver sido adotada, é possível determinar que *sites* ou tipos de *sites* podem ser acessados pelos usuários da sua empresa.

- **Aplicação remota de configurações com base em perfis**
Uma vez que você tenha suas configurações gerenciadas, os softwares de MDM permitem que essas políticas sejam aplicadas remotamente e sem a intervenção do usuário do dispositivo. Definidas as configurações por perfil, do servidor MDM, enviam-se essas configurações e o controle passa a entrar em ação. Pode-se aplicar em qualquer momento e remotamente em diversas situações como, por exemplo, mudança de perfil, entrada em novo grupo, troca de dispositivo, etc.

Agora que você já tem pelo menos uma ideia do que pode ser gerenciado em termos de configurações, ficará mais fácil definir e organizar os grupos de usuários e políticas de acordo com os perfis determinados para sua empresa.

3.3.4 Rastreamento de dispositivos

O rastreamento de dispositivos é um módulo que você pode encontrar em algumas ferramentas de MDM ou pode desenvolver, combinando com a sua ferramenta de MDM, para monitorar seus dispositivos. Para algumas empresas, é importante saber se o dispositivo está na área em que deveria, se a sua equipe de vendas está seguindo a rota designada ou outra menos eficiente. Em tempo real, é possível acompanhar os dispositivos plotados em um mapa. Algumas empresas planejam suas rotas de visitas e estabelecem o tempo ideal para cada ponto a ser visitado. Pelo mapa, é possível acompanhar o andamento do roteiro. Então, se uma pessoa da equipe deve visitar dez clientes no dia, mas ao meio-dia, conforme indica o mapa, ela ainda estiver no segundo cliente, quando deveria estar no quarto, a equipe de retaguarda poderá acioná-la para avisar sobre o atraso.

> "Um fato importante é que, se o dispositivo for de propriedade da empresa, ela tem o direito de monitorar seu ativo."

Por esse tipo de sistema também é possível evitar golpes de algum membro da equipe de campo que diz ter visitado um cliente, mas na verdade não o fez. É claro que existe uma questão importante sobre confidencialidade e privacidade. É recomendável discutir o assunto com o departamento jurídico antes de implantá-lo, para não correr o risco de a empresa ser processada por funcionários, que aleguem estar sendo monitorados. Enfim, saiba o que é possível fazer dentro das políticas de sua empresa e de acordo com a legislação do seu estado ou do país.

Um fato importante é que, se o dispositivo for de propriedade da empresa, ela tem o direito de monitorar seu ativo. Se ele for usado apenas para trabalho, então o funcionário deve fazê-lo apenas durante o horário comercial e desligá-lo depois, impedindo, dessa forma, o seu rastreamento fora desse horário, ou seja, sem que haja invasão de privacidade ou desrespeito à pessoa.

Esse monitoramento pode ser feito por meio de GPS, com uma precisão muito boa, geralmente com alguns poucos metros de variação, mas sempre que o usuário entrar em uma área coberta, ou seja, que impeça a comunicação entre o dispositivo e os satélites, sua localização baseada em GPS não poderá ser enviada. E é aí que entra em ação a triangulação de antenas. Em geral, o sistema coleta informações de três antenas da operadora de celular (também conhecidas como ERB ou Estação Rádio Base) e faz uma triangulação para descobrir a posição do dispositivo. As margens de erro, nesse caso, são maiores, podendo chegar a centenas de metros. Mas é a alternativa para dispositivos não munidos de GPS, ou para casos em que eles não possam estabelecer comunicação com os satélites.

> " ...quão importante é para sua empresa esse rastreamento de dispositivos móveis? "

Esse rastreamento também poderá ser útil em caso de perda ou roubo. Se o dispositivo for esquecido em algum lugar, a localização no mapa ajudará o usuário a descobrir onde o deixou. Se tiver sido furtado ou roubado, o sistema poderá manter sua última localização antes de ser desligado. Para esses casos, existem algumas aplicações específicas que podem ser instaladas, coletando informações do usuário que passou a usar o dispositivo. Depois de perdido ou roubado, a primeira vez em que o aparelho for ligado com um SIM card, o sistema coleta as informações de e-mail, número de telefone, operadora, etc. e envia para o proprietário. Mas o mais importante é utilizar seu software de MDM para pegar o código IMEI do aparelho e informá-lo à operadora para que bloqueie o seu uso. Uma vez bloqueado o IMEI na operadora, o dispositivo não funcionará na rede GSM de nenhuma outra operadora. Se todas as vítimas de furtos e roubos fizessem isso, as tentativas diminuiriam bastante.

Veja exemplo de geolocalização e rastreamento de dispositivos móveis na Figura 3.1

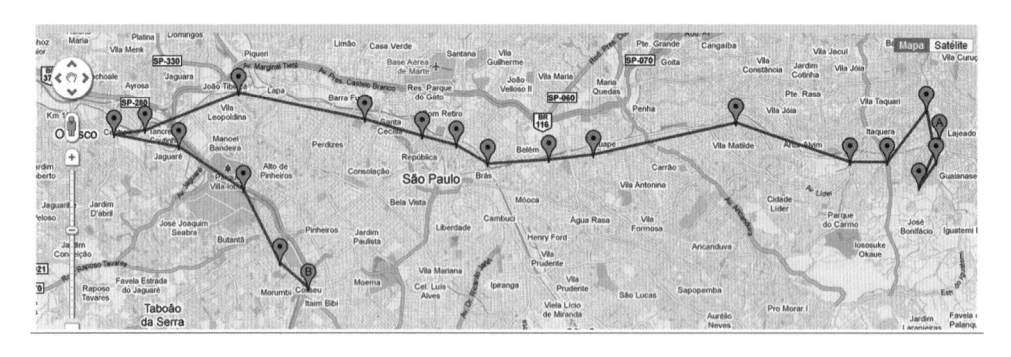

Figura 3.1 – Exemplo de geolocalização e rastreamento de dispositivos móveis.

Outro conceito comum para a geolocalização é o de "cerca virtual", que nada mais é que um raio em que o usuário deve estar durante suas atividades comerciais. Algumas empresas determinam que seu colaborador execute tarefas dentro dessa cerca virtual e, caso ele se afaste, a equipe de retaguarda deve ser avisada. A cerca virtual deve levar em consideração uma variação não somente de GPS, mas principalmente de triangulação de antenas, do contrário, quando o dispositivo móvel estiver a 200 metros do limite da cerca virtual, por exemplo a posição informada pode ser de que ele esteja a 500 metros além do limite, quando na verdade pode não estar.

A pergunta que se deve fazer aqui é: quão importante é para sua empresa esse rastreamento de dispositivos móveis? Se for primordial, considere-o como parte da sua solução de MDM.

3.4 SUPORTE

Essa, a meu ver, é a parte mais importante de uma solução de MDM: a equipe que suportará os sistemas de mobilidade e seus usuários de ouro. O segredo do sucesso é estruturar bem essa equipe e criar processos para atingir o mais alto índice de qualidade do serviço. Dependendo de sua empresa, esse serviço precisará ser implantado em modelo 24x7, ou seja, 24 horas por dia durante sete dias da semana; deverá conter mais de um idioma; necessitará de softwares extras, etc. Dessa forma, o primeiro ponto que vamos trabalhar é a identificação da necessidade de sua empresa para o suporte de mobilidade.

3.4.1 Identificando as necessidades de suporte

Antes de iniciar uma operação de suporte, é preciso saber quais as reais necessidades e o que a diretoria da empresa espera desse serviço. Algumas perguntas são fundamentais para esse mapeamento.

- É preciso prover suporte somente em horário comercial?
- Quais os SLAs esperados?
- Haverá usuários fora do país?
- Quantos idiomas deverão ser suportados?
- Será preciso implantar números de suporte locais para outras localidades? Quais?
- Quais os tipos de dispositivos móveis que deverão ser suportados?

- Haverá estoque? Quem será responsável por ele?
- Investiremos em monitoração ativa dos ambientes?
- Haverá alguma equipe de suporte técnico que poderá ser compartilhada ao menos com o primeiro nível?
- Quem será o responsável pelo relacionamento com as operadoras? Poderemos ter acesso a eles para estabelecer processos de suporte e colaboração?
- Teremos software de CRM ou de atendimento técnico para registro e controle de chamados?
- Esse mesmo software poderá ser usado para ser nossa base de conhecimento de incidentes técnicos?
- Teremos central telefônica que suporte um atendimento semelhante ao de um call center?
- Teremos profissionais certificados pelos fabricantes?

Essas são apenas algumas questões que você deve fazer, internamente, em sua empresa para saber qual o nível de suporte técnico para mobilidade. Além disso, você terá que definir processos entre a equipe de suporte à mobilidade e as equipes de suporte aos demais sistemas envolvidos, como servidor de correio eletrônico, infraestrutura, etc. Também será preciso decidir se deverá ser firmado um contrato de suporte com os fabricantes ou com empresas parceiras desses fabricantes especializadas nas suas plataformas.

Uma questão sempre está presente nesses momentos: é melhor criar uma equipe interna ou terceirizar esse suporte? Mais uma vez eu dou uma resposta de consultor: depende! Qual é o *core business* de sua empresa? Suporte? Se sim, implante internamente sem pestanejar. Mas se o *core* de sua empresa não for suporte, mas você já possui uma equipe interna prestando serviço a outros tipos de sistemas, seja ela composta por funcionários diretos ou por equipe terceirizada, pode utilizá-la e pensar em, talvez, terceirizar apenas o segundo nível de suporte com uma empresa especialista, ou ainda, montar essa equipe especializada internamente.

Vamos discutir os pontos positivos e negativos de cada um dos cenários.

Terceirização completa do suporte à mobilidade

> "Procure conhecer a estrutura da empresa que está prestes a escolher..."

Essa talvez seja a maneira mais fácil e eficiente para implantar suporte no seu ambiente corporativo de mobilidade. Contratar uma empresa para suportar seus sistemas e usuários pode garantir qualidade se a escolha for benfeita. Como em qualquer contratação, é preciso tomar cuidado para não escolher uma empresa que possua lindas apresentações, mas não disponha de conhecimento técnico e de processos, daquelas que trazem o famosíssimo *slideware*, apresentações que contemplam tudo, mas que nunca sairão do *slide*. Mais do que conhecimento técnico, processos de suporte técnico à mobilidade são fundamentais, e empresas de tecnologia geralmente pecam nesse ponto. Procure conhecer a estrutura da empresa que está prestes a escolher, veja qual é a sua infraestrutura em termos de quantidade de PAs (postos de atendimento) disponíveis nos horários em que necessita; saiba quantos clientes já contrataram os serviços dessa empresa e converse com alguns deles para descobrir o tempo de resposta.

Outro ponto que você deve avaliar antes de entregar 100% do suporte ao seu ambiente é qual o nível de relacionamento que esse fornecedor possui com os fabricantes de smartphones e tablets usados em sua empresa e também com as operadoras que utiliza. A relação com o fabricante é importante para que se tenha melhor tempo de resposta e maior segurança, quando ocorrer um problema técnico com o sistema operacional, os aplicativos nativos ou mesmo com o software de integração dos serviços básicos de colaboração (e-mail, contatos, etc). Já com a operadora, é preciso ter um bom contato para resolver problemas de telecomunicações, como indisponibilidade de rede, rede de parceiros dessa operadora para *roaming*, falhas no aprovisionamento. Enfim, todo e qualquer transtorno relacionado com a operadora. O trabalho feito em parceira entre fornecedor e operadora resolve problemas muito mais rápido. Um bom relacionamento entre esses parceiros pode evitar que um coloque a culpa no outro quando surgirem problemas.

É preciso saber também quais os tipos de certificação que essa empresa de suporte possui para processos de gestão de incidentes. ITIL (Information Technology Infrastructure Library) é um conjunto de boas práticas que, em geral, são aplicadas em infraestrutura, manutenção e operação de serviços de tecnologia da informação e ajudam a entender qual a maturidade do fornecedor nesse tipo de serviço.

Os melhores provedores desse serviço costumam oferecer serviços adicionais para seu ambiente, garantindo a administração dos servidores e sua atualização, gerenciando, na maioria das vezes, todos os serviços. Para os casos de contratação de software como serviço, ou seja, quando toda a infraestrutura do software de MDM fica no datacenter do fornecedor, não é preciso se preocupar em cobrar esse tipo de serviço, porque, como o ambiente é dele, o próprio fornecedor deverá mantê-lo atualizado. Verifique também como ficam os serviços adicionais como os de implantação de políticas de TI, ações para atualização de sistema operacional dos dispositivos, dentre outros. Verifique se estão contemplados ou se deverão ser adquiridos por contratação pontual, levantando de antemão os custos envolvidos, para não ter surpresas desagradáveis mais à frente.

O suporte de primeiro nível, aquele que oferece suporte direto aos usuários, deve dispor de técnicos capacitados para atendimento ao cliente e contemplar números de telefone específicos para cada região ou cada tipo de usuários. Deve ser possível também separar usuários VIPs (*Very Important Person*) de usuários comuns. Verifique quais são o TMA (Tempo Médio de Atendimento) e TME (Tempo Médio de Espera) oferecidos pela empresa fornecedora. Solicite também todos os relatórios disponíveis para a operação. Alguns relatórios são básicos e devem estar contemplados, como:

- *Top* 10 chamadas mais frequentes.
- *Top* 10 usuários que mais abrem chamados.
- *Top* 10 problemas que mais afetam usuários.

- Problemas em operadoras.
- Problemas por operadoras.
- Volume de chamados (comparando os três últimos meses).
- Chamados por dia.
- Tempo médio de fechamento de chamados.
- Volume de chamados fechados no primeiro atendimento.
- Chamados em horário comercial em relação aos fora do horário comercial.

Essas são apenas algumas sugestões, mas você pode concluir que, em vez de *top* 10, precise apenas de *top* 3, ou então de *top* 20. Depende do seu negócio e de como está acostumado a analisar serviços como esse. Em geral, os fornecedores trabalham com softwares de CRM para gerenciar esses chamados, que possibilitam preparar um tipo de relatório que atenda a alguma necessidade específica de sua empresa, caso você precise, mas certifique-se de que seu contrato contemple isso, ou então será necessário pagar por novos relatórios.

Terceirização do segundo nível de suporte à mobilidade

> "Procure saber se o seu fornecedor lhe proverá avaliação e atualização do ambiente, bem como suporte a todos os serviços de mobilidade, e não somente aos usuários."

Para as empresas que já possuem uma operação de suporte a aplicativos e infraestrutura de TI não faz sentido terceirizar tudo, nem mesmo suporte de primeiro nível. Então, o que pode ser feito é a utilização da sua equipe de suporte para o primeiro nível e da terceirizada especialista para o segundo. Verifique se seu fornecedor de suporte MDM pode capacitar sua equipe de primeiro nível, de modo a obter melhores resultados e maior satisfação dos usuários.

O fato de suportar sua operação somente em segundo nível não significa que você perderá todos os serviços. Procure saber se o seu fornecedor lhe proverá avaliação e atualização do ambiente, bem como suporte a todos os serviços de mobilidade, e não somente aos usuários. Entenda bem qual seria a diferença entre a contratação de serviços para os dois níveis e para apenas o segundo nível de suporte.

Essa pode ser uma boa estratégia para sua empresa caso a sua verba não contemple a terceirização completa. Em geral, esse modelo acaba sendo mais barato ou acessível do que montar um time interno, que na maioria das vezes não tem a especialização necessária e possui poucos analistas em comparação a um time maior, que suporta diversos ambientes e, teoricamente, tem mais experiência por vivenciar várias situações em sua atuação junto a outros clientes. Também dificilmente você conseguirá estabelecer níveis de serviços (SLAs) com a equipe interna, colocando em risco o tempo de resposta e a percepção de qualidade dos serviços de mobilidade e telecom da sua empresa.

Da mesma forma, verifique quem são os clientes que seu fornecedor suporta com as mesmas plataformas que as suas, de modelo similar, levando em consideração horário de atendimento, serviços móveis, operadoras, smartphones e tablets e sistemas de e-mail, dentre outros.

Suporte à mobilidade 100% interno

> "Ao decidir montar a operação 100% interna, treinamento é um dos investimentos que mais devem ser preservados, caso contrário, o nível de serviço e a qualidade serão sacrificados."

Antes de mais nada, saiba o que será preciso para atender às necessidades de sua empresa. Se ela precisa de suporte 24×7, por exemplo, você terá de criar um time de suporte com no mínimo seis profissionais para que seus turnos contemplem uma operação 24×7. Profissionais de suporte, em países como o nosso, não podem trabalhar mais do que seis horas diárias.

Se o seu atendimento precisar ser feito em mais de um idioma, considere a contratação de profissionais bilíngues ou trilíngues, o que, além de elevar o custo, pode ser mais difícil, pois o mercado não dispõe de muitos candidatos com o perfil técnico necessário que também tenham essa capacitação em idiomas e, ainda, estarem dispostos a trabalhar durante a madrugada em alguns turnos.

Investimento em capacitação será frequente, porque a velocidade de lançamento de novos produtos é bem alta. Relaciono a seguir alguns dos treinamentos básicos que devem ser considerados e sua possível frequência.

- Capacitação em dispositivos móveis: de acordo com a troca do parque.
- Capacitação em sistemas operacionais móveis: de acordo com a troca do parque.
- Capacitação em sistemas de integração de serviços móveis: um a dois por ano.
- Capacitação em softwares de MDM: um por ano.
- Capacitação em documentação dos fabricantes: frequentemente.

E se a empresa decidir trocar de parque ou plataforma a cada dois anos, um novo e significativo investimento em capacitação deverá ser feito. Por exemplo, uma empresa que utilizava BlackBerry e decide trocar tudo por iPhones, em vez de usar o BES (*BlackBerry Enterprise Server*), passará a utilizar *MS ActiveSync* para a integração dos serviços de mobilidade. Em vez de utilizar políticas de TI no próprio BES, terá de estabelecê-las no software de MDM que, talvez, terá de ser adquirido, porque o BES permite que muitas ações de MDM sejam efetuadas por meio dele, e muitos clientes que utilizam smartphones BlackBerry com BES não adquiriram ferramentas de MDM por não ser realmente necessário. Antes de tomar uma decisão, é melhor avaliar todas as nuances e todos os detalhes que, no final das contas, exigirão um grande investimento. Muitas vezes a ordem de troca vem da diretoria, mas sem que se tenha avaliado tanto o esforço quanto o investimento necessários para que a troca seja realizada.

E prepare-se, porque em caso de troca não será admitido que o nível de serviço caia, o que é inevitável.

Ao decidir montar a operação 100% interna, treinamento é um dos investimentos que mais devem ser preservados, caso contrário, o nível de serviço e a qualidade serão sacrificados. Em suma, antes de decidir por uma operação 100% interna, certifique-se de avaliar os seguintes pontos:

- Capacitação – condições e investimentos necessários.
- Aquisição de softwares – levante tudo o que precisará.
- Operação *call center* – se ainda não possui uma operação de atendimento profissional, verifique os custos para implantá-la com todos os seus sistemas e equipamentos de telefonia.
- Analistas especialistas – já os possui? Há entre eles profissionais com potencial que possam ser capacitados ou serão necessárias novas contratações? Pense nos riscos de rotatividade, de investir na capacitação de um profissional e depois perdê-lo para o mercado.
- Contratos de suporte com os fabricantes – deve contemplar pelo menos um com cada fabricante de dispositivos móveis com que trabalha.
- Gerenciamento com as operadoras – não há necessidade de investimento aqui, apenas definição de processos.

> " Chegará o dia em que aqueles que decidiram cortar seu orçamento sofrerão com indisponibilidade do serviço e vão procurar culpar alguém por isso. "

Muitas empresas utilizam recursos compartilhados para assumir as tarefas de mobilidade. Utilizam analistas responsáveis pela gestão do correio eletrônico para também dar suporte à mobilidade. É uma opção, mas em quase 100% dos casos que conheci é pouco eficiente, porque esses profissionais, que mal conseguiam atender às demandas de correio eletrônico, não conseguiram se especializar e manter-se atualizados com os assuntos de mobilidade. Essa é a saída mais barata, mas menos eficiente. Trate a mobilidade de acordo com a importância que ela merece. Se sua empresa não lhe prover os investimentos necessários, tome cuidado de alertar seus gestores sobre os problemas que enfrentarão devido à recusa de investimento. Os dispositivos móveis estão nas mãos de todos os usuários de ouro da companhia, mas o suporte à operação de mobilidade não é tratado com a devida importância? Alerte e registre os riscos e os possíveis problemas que a empresa enfrentará sem o investimento necessário, e assim estará salvando seu emprego. A seguir, alguns riscos que uma operação de mobilidade despreparada oferece:

- Paradas de serviço por dias.
- Problemas de duplicação de mensagens.
- Dificuldade e demora na resolução de problemas.
- Falta de prioridade (verificar e-mail ou mobilidade?).
- Riscos de segurança por falta de conhecimento.
- Falta de comprometimento com SLAs.
- Se não houver software para controlar e armazenar todos os chamados, o conhecimento não será reaproveitado.
- Diretor e gerente da área envolvidos diretamente no operacional em vez de no planejamento e gerenciamento dos serviços de TI.

Chegará o dia em que aqueles que decidiram cortar seu orçamento sofrerão com indisponibilidade do serviço e vão procurar culpar alguém por isso. Mas os verdadeiros culpados serão aqueles que decidiram por não profissionalizar a mobilidade da sua empresa.

Mas, de novo, avalie todas as variáveis para saber se, em seu caso, o melhor é usar a estrutura interna da empresa ou terceirizar os serviços de suporte. Cada empresa possui um cenário distinto. Não é possível afirmar qual é a melhor solução para todas. Para algumas, o fator determinante é a qualidade, então, essa empresa buscará por isso, seja na equipe interna ou em uma empresa terceirizada. Em outros casos, o mais importante é o custo. Veja qual é o seu caso e avalie todas as variáveis para chegar à sua própria conclusão.

3.5 MONITORAÇÃO ATIVA

Suportar passivamente um ambiente de tecnologia é o mínimo que pode ser feito para entregar um serviço de qualidade aos usuários de sua empresa, porém, é preciso fazer mais. É necessário monitorar e se antecipar aos incidentes, resolvendo-os antes mesmo que os usuários os percebam. A monitoração da mobilidade pode envolver tantos serviços de tecnologia quantos sua empresa os tiver integrado, ou seja, uma empresa que possui muitos aplicativos desenvolvidos para dar softwares de retaguarda, como os de gestão (ERP ou *Enterprise Resource Planning*), de gestão do relacionamento com os clientes (CRM ou *Customer Relationship Management*), ou mesmo sistemas legados para aprovações ou tomadas de decisão a partir de dispositivos móveis, terá um maior esforço, pois, ao mesmo tempo, deverá monitorar também os sistemas integrados.

Existem ferramentas que ajudam nessa atividade. A Research In Motion (RIM) lançou com a versão 5 do BES o *BlackBerry Monitoring*, que atende aos requisitos básicos de monitoração. A Isec7 também fornece o Bnator, uma solução especialista em monitoramento de mobilidade; da mesma forma, a Zenprise possui a sua solução e a Boxtone, minha preferida, oferece um serviço excelente (ver Figura 3.2).

Cada uma dessas ferramentas provê a possibilidade de configuração de *thresholds*, que são configurações de situações que, se atingidas, desencadeiam uma ação, que pode ser o disparo de um alerta, e-mail, SMS ou qualquer outro tipo. Um *threshold* também pode ser configurado para que, no momento de sua execução (atingimento do limite), rode um sistema ou acione algum mecanismo, ou serviço, dentre outros. No caso de monitoramento, em geral, um *threshold* é a configuração de uma situação que será atingida quando uma anormalidade ou não conformidade acontecer. Sendo mais prático, configuramos *thresholds* em sistemas de monitoramento para identificar, por exemplo, a bateria de um smartphone que alcançou um nível crítico, usuários que não tenham se conectado no sistema por mais de determinada quantidade de dias ou horas, o tempo médio de sincronismo, etc. Uma vez configurado o parâmetro, o sistema permite que uma ação seja executada, a fim de evitar um incidente ou parada de serviço.

> "Uma equipe experiente poderá definir rapidamente uma estratégia de configuração de *thresholds* para que um software de monitoração possa começar a trabalhar a seu favor."

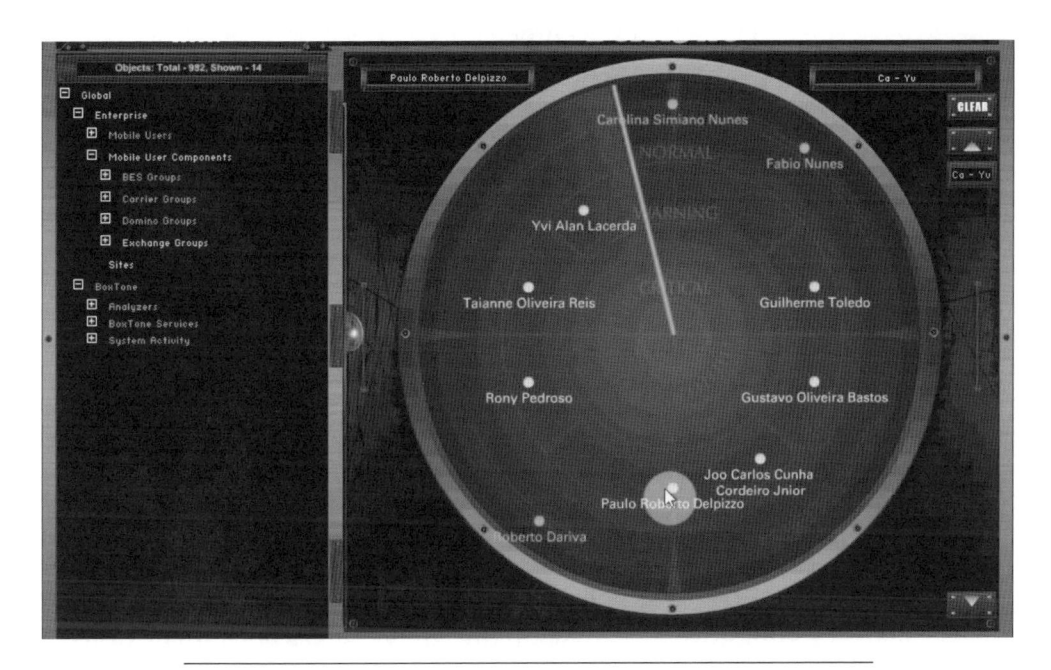

Figura 3.2 – Exemplo de radar de monitoração (imagem cortesia da BoxTone).

Uma equipe experiente poderá definir rapidamente uma estratégia de configuração de *thresholds* para que um software de monitoração possa começar a trabalhar a seu favor. Porém, essa é uma tarefa constante e não configurável uma única vez. A cada novo incidente, surge a possibilidade de configuração de um *threshold*, e se o sistema receber manutenções constantes em sua configuração, a monitoração se tornará cada dia mais eficiente, trazendo inúmeros benefícios para sua empresa. Sempre digo a meus clientes gestores de TI que é muito melhor sua equipe técnica identificar um problema e informar seus usuários de ouro do que o presidente da empresa ligar para o diretor de tecnologia para se queixar de problemas no recebimento de e-mails em seu smartphone. E é impressionante como a imagem da área de tecnologia e suporte passa a ser penalizada pelos incidentes de mobilidade. Mesmo que tenha sido exemplo de qualidade em serviços durantes anos, bastam dois incidentes com usuários de ouro para que toda a credibilidade da área seja esquecida e, em seu lugar, transpareça a imagem de incompetência, falta de qualidade ou irresponsabilidade. Não deixe isso acontecer em sua empresa; estruture bem seus serviços de mobilidade e aja proativamente.

3.6 CONTROLE DE INVENTÁRIO

Muitas ferramentas existem para controle de inventário, principalmente para controle de patrimônio, mas, quando falamos em mobilidade e telecom, precisamos pensar em um novo modelo que contemple não somente tipos e marcas de smartphones, mas todo o inventário de softwares, serviços, garantia, etc. A disciplina de inventário para MDM é a responsável por controlar tudo isso.

Na maioria das empresas em que me reuni com gestores de mobilidade, sempre lhes perguntava quantos dispositivos móveis a empresa possuía, mas quase nenhum deles sabia me responder. Perguntava onde estavam os smartphones, e eles não tinham a mínima ideia. Queria saber como era o processo de recuperação de um smartphone, por exemplo, caso um colaborador fosse demitido, e todos os presentes geralmente olhavam um para o outro, sem que ninguém soubesse responder. Tudo bem que a mobilidade é de certa forma uma novidade nas empresas, mas não se pode mais admitir tamanho descontrole! Não é mais aceitável amadorismo em termos de controle de mobilidade e de inventário dentro de grandes corporações.

O sistema de inventário existe para ajudar não somente a controlar os dispositivos, mas também para manter seu parque atualizado. Por exemplo, é esse módulo do serviço que lhe informará a lista de todos os smartphones e todos os tablets que estão com o sistema operacional desatualizado. Dirá quais estão há dias sem se conectar aos sistemas de colaboração ou à rede de telefonia celular. Por meio do sistema de inventário, é possível desconectar um dispositivo móvel da rede privada de sua empresa logo após a demissão de um funcionário, evitando problemas de invasão ou acesso a informações estratégicas, dentre outros.

A gestão de garantia também tem contribuição dessa disciplina. Por meio desse módulo, deve ser possível controlar todas as garantias de equipamentos, mas se sua solução não prever isso, não se esqueça de digitalizar as notas fiscais em algum sistema ou pasta de sua rede para que seja fácil fazer uma consulta. Algumas empresas, por não saber que seus equipamentos estão em período de garantia, enviam-nos para assistências técnicas, o que, além de gerar custos que poderiam ser evitados, desabilita a garantia do produto.

Se sua empresa adotar políticas de segurança para restringir a utilização de aplicativos, será mais fácil controlar as licenças de softwares instalados pelos usuários, caso contrário, qualquer usuário poderá instalar softwares piratas nos dispositivos corporativos, o que pode trazer surpresas desagradáveis. Use o software de controle de inventário para mapear, monitorar e controlar, por meio de políticas de segurança, que tipo de softwares e licenças podem ser instalados nos equipamentos corporativos.

Por que é tão importante controlar o inventário? Por uma série de motivos, entre os quais:

- Saber quais dispositivos estão em garantia.
- Saber qual dispositivo está com cada pessoa da empresa.
- Saber quais estão com sistema operacional desatualizado.
- Controlar dispositivos por marcas, modelos, etc.
- Controlar aplicativos instalados.

- Controlar licenças de softwares.
- Obter informações detalhadas de hardware.
- Identificar qual é a rede que está sendo utilizada ou a que se está conectado.

Além disso, também se podem checar dispositivos com pouca carga de bateria, com pouco espaço de armazenamento ou pouca memória, dentre outras funcionalidades.

Relacionado à disciplina de inventário, está o controle de estoque de dispositivos móveis. Este é um dos erros mais comuns que empresas cometem, pois não compram dispositivos para montar seu estoque, e, quando acontece quebra, roubo ou extravio de algum dispositivo, elas ficam na dependência de operadoras para comprar novos, que muitas vezes não têm unidades do equipamento disponíveis para pronta entrega. Isso acontece com frequência, mas a falta de iPhones foi um caso clássico em muitos países. Dependendo do país em que o equipamento for fabricado, a sua aquisição estará sujeita às dificuldades locais de importação ou de desembaraço em aduanas, de modo que, mesmo que o equipamento esteja disponível em seu país de origem, ele poderá não estar disponível para compra. Trabalhar sem estoque mínimo de dispositivos móveis é um grande risco.

"E qual seria o estoque ideal para ser mantido em minha empresa?" Essa pergunta pede que eu responda com um "depende"! É preciso analisar o histórico de necessidade de reposição de dispositivos móveis e trabalhar com uma margem de segurança. Na minha empresa, geralmente orientamos os clientes a trabalhar com um estoque mínimo de 10%. Pode parecer muito, mas não é. Para contratos em que administramos toda a mobilidade corporativa, incluindo o estoque, recomendamos 10%, podendo variar de acordo com o perfil dos usuários e o modelo de negócio do cliente, mas nunca pode ficar abaixo de 7%, caso contrário, todos os SLAs são automaticamente invalidados. Isso porque a maioria dos clientes compra o estoque inicial, mas ao usar um equipamento do estoque, não o substitui, reduzindo seu estoque gradualmente até zerá-lo. E quando isso acontece, pode ter certeza de que o dispositivo do presidente da empresa vai quebrar!

Acredite, é a maldição do usuário de ouro. Portanto, não espere que isso aconteça com você para correr o risco de parecer totalmente despreparado por não ter controlado o inventário como deveria.

3.7 LOGÍSTICA DE REPAROS

Atire a primeira pedra a empresa que não tiver nesse momento um smartphone danificado, abandonado numa gaveta! Todas têm, eu garanto! Mas por que isso acontece? Por uma série de motivos. As grandes empresas, por possuírem contratos enormes com as operadoras, solicitam a troca por um novo e pagam sem questionar, ou ganham um da operadora, dependendo da cobertura do seu contrato e do usuário que estiver sem aparelho naquele momento. Se for um usuário de ouro, a operadora não vai querer ser a culpada por não entregar um aparelho. Outro ponto importante é que existem pouquíssimas assistências técnicas homologadas pelos fabricantes que trabalham com qualidade. Tente falar com o fabricante, ou com a sua operadora, para pedir recomendações de assistências técnicas. Será quase impossível conseguir uma. É trabalhoso controlar o ciclo de vida de reparo de um smartphone ou tablet. Em alguns casos, é muito difícil conseguir o conserto de iPhones e iPads, por exemplo. Ou você trata do conserto com o próprio fabricante ou terá muita dificuldade para encontrar assistência técnica.

Mas nem só o conserto é complicado. Até mesmo os equipamentos que estão em garantia dão muito trabalho e demoram demais para ser consertados. É comum que o reparo de um smartphone ou tablet leve alguns meses para retornar da assistência técnica. Não se surpreenda se somente a análise inicial demorar um mês. Um problema físico geralmente é mais fácil de solucionar, mas se for um mau funcionamento apenas percebido com a utilização de softwares, aí fica mais complexo ainda, porque você terá de torcer para que a assistência técnica consiga replicar o seu problema e buscar uma solução.

As operadoras são as maiores compradoras de smartphones dos fabricantes e, por isso, mantêm uma relação com eles em que muitas vezes abusam da sua generosidade. O que quero dizer é que, se um grande cliente tem um aparelho danificado de alguma forma, ele liga para o gerente de contas da operadora e solicita a troca do aparelho, porque se trata de um produto adquirido da operadora. Por ser utilizado por um usuário de ouro, ele não quer se indispor com um portador desse nível por causa de um smartphone. A operadora, por sua vez, recolhe o aparelho e envia para o fabricante, alegando problemas técnicos ou qualquer outro motivo, solicitando que o equipamento seja substituído. O fabricante substitui o aparelho, mas na maioria das vezes constata que nem havia problema de hardware com o equipamento. Nem os gestores de mobilidade do cliente tentaram descobrir qual era o defeito, muito menos a operadora. Mas o envio do equipamento de um lado para outro pode gerar custo superior a 50% do seu valor de mercado. O controle de inventário não ajuda a resolver isso, mas faz com que os gestores avaliem com mais cautela qualquer problema que haja com seu patrimônio. É melhor conhecer o problema e substituir o equipamento por um do estoque do que deixar um diretor sem equipamento, enviando o aparelho de um lado para outro, passando-o de mão em mão.

Fale com suas operadoras e fabricantes e identifique as assistências técnicas homologadas e de qualidade, ou terceirize a gestão de logística de reparos com alguma empresa especialista. Gerenciar reparo de dispositivos móveis é um trabalho maçante e cansativo que ninguém quer fazer. Algumas empresas possuem três ou quatro pessoas só para cuidar disso. E outras oferecem esse serviço mediante uma mensalidade por equipamento, que garante todo o gerenciamento do ciclo de vida de reparo, incluindo testes e garantindo o controle de assistências técnicas de qualidade. Uma situação de reparo seria apenas mais um chamado aberto na central de atendimento.

O estado da arte para essa disciplina seria a seguinte situação:

Um usuário de ouro da sua empresa está em viagem de negócios com duração de uma semana, e acaba de chegar a outro Estado. Ao pegar sua bagagem no aeroporto, deixa cair seu smartphone, que se quebra e para de funcionar. Chegando ao hotel, ele liga para a central de atendimento, reportando o ocorrido. Um chamado é aberto e a equipe de atendimento imediatamente pega um equipamento do estoque e inicia a restauração do backup do usuário naquele novo smartphone. Finalizado o atendimento, a equipe envia o aparelho por uma empresa de transporte ou *courier* até o hotel do diretor desastrado. No dia seguinte, chega ao hotel o smartphone com o backup restaurado e as instruções para que o usuário ligue na central telefônica e informe alguns dados para receber uma nova senha temporária. O primeiro problema foi resolvido. Mas ainda é preciso cuidar de todo o processo de reparo do equipamento. Ao receber o equipamento, avalia-se e identifica-se que está em garantia, mas uma das partes danificadas foi o visor, que não faz parte da garantia. Cota-se tempo de resolução e custos com a assistência oficial (usando a garantia) e com mais outras duas assistências homologadas. A oficial demorará três semanas para consertar a um custo de R$ 550,00 para as partes que não estão em garantia. A segunda demorará uma semana com o custo de R$ 600,00 e a terceira levará cinco dias corridos com o custo de R$ 680,00. A decisão é do cliente, mas em geral ele não espera pela garantia e quer resolver o problema o mais rápido possível. Depois de uma semana, o equipamento está de volta à empresa, devidamente consertado e testado. Está na hora de restaurar mais uma vez o backup do usuário e enviar o equipamento consertado para a troca final, devolvendo, assim, o equipamento backup para o estoque da empresa. Esse é o mundo ideal, e existem empresas que fornecem esse nível de serviço, gerenciando todos os detalhes do processo.

E por falar em processo, essa disciplina é a mais complexa de todas em termos de processos. Todo equipamento deve transitar com nota fiscal; esse é o primeiro processo que se deve trabalhar para não pagar imposto desnecessário. Existe um tipo de nota fiscal chamada mercantil, que é emitida somente para que um produto seja transportado de um lugar para outro. Se a empresa proprietária do equipamento é contribuinte do ICMS, ela deve usar um tipo de processo, mas, se não for, terá de usar outro. Um sistema de inventário deve ser utilizado para controlar todas as notas fiscais e os períodos de garantia. Uma boa forma de fazer isso é digitalizando todas as notas fiscais e adicionando essa documentação ao registro do patrimônio no software de inventário. Para se implementar uma solução assim, o esforço é 95% processos e 5% sistemas.

Essa disciplina também deve considerar SLAs, que dependerão da necessidade da sua empresa, porém o mais importante é o SLA de substituição do equipamento, para não deixar o usuário sem sua ferramenta de trabalho. Se quiser também, você poderá criar ou definir SLAs para o processo de reparo, mas foque seus esforços para não deixar seu usuário sem o equipamento substituto e, se a demora for tamanha que possa comprometer seu estoque, defina SLAs para essa parte do processo também.

Por fim, é importante fornecer ou ter acesso a relatórios de rastreamento (ou *tracking*) dos equipamentos sob reparo. Dessa forma, sua empresa pode saber a posição atualizada dos reparos de cada equipamento e qual a previsão de entrega.

3.8 COMO AVALIAR FERRAMENTAS DE MDM

Nesse item, ajudamos a identificar formas de avaliar ferramentas para sua empresa, sugerindo alguns pontos de avaliação.

O principal recado que quero deixar é que somente uma ferramenta não fará a gestão da mobilidade corporativa por si só. É preciso uma camada de serviços e analistas para configurarem essas ferramentas e utilizarem-nas no dia a dia para que a mobilidade seja de qualidade em sua empresa.

Avalie ferramentas de MDM por grupos de funcionalidades.

3.8.1 Funcionalidades básicas de MDM

Identifique se existem e avalie o grupo de funcionalidades básicas de MDM, de acordo com as plataformas (ou sistemas operacionais) móveis em utilização e o que poderá ser aplicado em sua empresa no futuro. As principais funcionalidades básicas relacionadas a seguir são um resumo deste capítulo e estão dispostas aqui de forma simplificada, para facilitar a avaliação das ferramentas de MDM.

Recursos de segurança

- Limpeza remota (wipe).
- Backup remoto.

- Restauração remota.
- Bloqueio de dispositivo.
- Envio de mensagens.
- Forçar o uso de senha.
- Troca de senha remota.
- Criptografia.
- Bloqueio de Bluetooth.
- Bloqueio de browser.
- Bloqueio de Wi-Fi.
- Bloqueio de câmera.
- Bloqueio de GPS.
- Demais bloqueios.
- Acesso remoto ao dispositivo.

Gerenciamento de aplicativos móveis
- Instalação de aplicativos OTA (*Over The Air*).
- Remoção de aplicativos OTA.
- Lista branca de aplicativos.
- Lista negra de aplicativos.
- Atualização de aplicativos em background.
- Implantação automática de aplicativos.
- Atualização de aplicativos baseada em eventos.

Gerenciamento de configurações
- Configurações default.
- Configurações baseadas em grupo.
- Configurações baseadas em expressão LDAP.
- Configurações baseadas em tipos de dispositivos.
- Configurações baseadas em usuários.
- Controle de aplicativos nativos.

- Perfis de conexão de rede.
- Configurações de e-mail, VPN, Wi-Fi e Bluetooth.
- Configuração de certificados.
- Configurações de câmera.
- Configurações de políticas de TI.
- Configuração de proxy para acesso à internet.
- Aplicação remota de configurações com base em perfis.

Rastreamento de dispositivos

A avaliação desse tipo de recurso só fará sentido se houver a necessidade de saber onde estão os dispositivos de sua empresa e que rotas eles percorrem. Se você gostar muito de uma ferramenta que não tenha esse tipo de funcionalidade, verifique se é possível contratá-la separadamente ou se o aplicativo a ser utilizado já não a possui. Mas, se for avaliar, considere ao menos os seguintes pontos:

- Apresenta posicionamento em tempo real?
- Apresenta os dispositivos em mapas visuais?
- Faz *tracking* (rastreamento) das rotas diárias?
- Apresenta esses trackings visualmente em mapas?
- Apresenta *status* do dispositivo (*on-line* ou *off-line*)?
- Oferece recursos de cerca digital?

Infraestrutura e modelo comercial

- Necessita ser instalado ou tem modelo de software como serviço?
- Quais são os recursos mínimos e recomendados de hardware (com isso você pode avaliar também qual é o investimento além da compra do MDM)
- Quais softwares o dispositivo exige para sistema operacional, banco de dados, etc.?
- Exige algum recurso especial?

- Quais configurações de firewall serão necessárias?
- Como funciona a política de atualização de versão e manutenção anual?
- Quando o fabricante publicar novas APIs e novas versões de sistema operacional para os dispositivos, em quanto tempo o software de MDM será atualizado com essas novas versões?
- Como é o modelo comercial? Por servidor ou por dispositivos/usuários?
- Qual a política para aumento de usuários (caso o modelo comercial seja baseado em usuários)?

3.8.2 Inventário

- Permite controle físico de marca, modelo, etc.?
- Apresenta ligação dispositivo versus pessoa?
- Apresenta dispositivos por versão de sistema operacional?
- Controla aplicativos instalados?
- Controla licenças de softwares?
- Controla detalhes de hardware?
- Controla a vida útil de cada equipamento?
- Identifica dispositivos com pouca memória e pouco espaço disponível para armazenamento?
- Identifica qual a rede que está utilizando ou a que está conectado?
- Quais relatórios oferece?
- Oferece a customização ou criação de novos relatórios?

3.8.3 Monitoramento

- O que monitora efetivamente?
- Exige infraestrutura separada do MDM? Se não exigir, como poderá monitorar quando o servidor de MDM ficar inoperante?

- Monitora as redes das operadoras?
- Monitora servidores de correio eletrônico?
- Monitora rede interna da empresa?
- Monitora rede da RIM caso sua empresa use BlackBerry?
- Monitora recursos dos dispositivos, como memória, espaço em disco, etc.?
- Possui dashboards de gerenciamento?
- Oferece configuração de thresholds para disparos de alertas?
- Faz parte da solução de MDM ou é um software ou serviço separado?

3.8.4 Logística de reparos

Esse é um módulo que não é oferecido por ferramentas de MDM, pelo menos, não até a data em que este livro foi concluído. Algumas empresas já oferecem esse serviço. Então, procure contratar separadamente, porque será difícil encontrar uma empresa que ofereça MDM e logística de reparos e, mesmo que tenha um software para controle de reparos, o mais importante é o serviço de assistência técnica. Então, para avaliar esse tipo de serviço, questione pelo menos:

- Os SLAs (ou níveis de serviço) oferecidos.
- As assistências técnicas homologadas para seus tipos de dispositivos.
- O processo utilizado para recolher, consertar e entregar dispositivos.
- O processo de testes pós-conserto.
- Como é feito o controle de estoque (no fornecedor ou no cliente?).
- Quais relatórios são oferecidos.
- Qual o modelo de negócio, se mediante mensalidade por dispositivo ou por demanda.

- Qual a parceria do fornecedor com os fabricantes de smartphones e tablets utilizados.
- Quem são as empresas que fazem o serviço de *courier*.

3.8.5 Quesitos de serviços

Como já discutimos anteriormente, somente software não resolve os seus problemas, a camada de serviços é ainda mais importante. Então questione:

- Se os serviços também são oferecidos pelo fabricante e se são executados pela mesma empresa ou por empresa parceira.
- Se a empresa de serviços está baseada no seu país ou tem representante local.
- A sua especialização nesse tipo de serviços.
- O volume de dispositivos móveis administrados atualmente.
- Quais são seus principais clientes e solicite os contatos para entender a qualidade do serviço.
- Se existe atendimento no seu idioma nativo ou naquele em que sua equipe seja fluente.
- O modelo de negócios.
- Os SLAs oferecidos.
- Sobre os acordos ou alianças estabelecidas com os fabricantes.
- Alianças estabelecidas com as operadoras de sua utilização.
- As certificações da equipe na tecnologia/plataforma de sua utilização.
- Sistemas de controle de chamados.
- Relatórios oferecidos mensalmente.
- Se existe portal de autoatendimento para sua equipe de primeiro nível operar.

- Se oferece suporte de primeiro nível também.
- Se oferece serviço de suporte 24×7, caso sua empresa precise.

4

TEM – TELECOM EXPENSE MANAGEMENT

" ... quando se estabelece algum controle, é possível, sim, reduzir custos de telecom significativamente. "

O mercado de gestão de custos de telecom, ou *Telecom Expense Management* (TEM), está crescendo bem, e a maioria das grandes empresas já iniciou ou vai iniciar um trabalho de gestão de custos ainda em 2011. Esse tipo de serviço está relacionado como *top trend* do Gartner para 2011, ou seja, segundo o Gartner, é um dos temas que mais serão explorados pelas empresas neste ano.

> "Mesmo quando o funcionário compra seu próprio "objeto de desejo" para acesso aos serviços de mobilidade e o leva para a empresa [...] ele está aumentando os custos de telecom..."

Com o crescimento da mobilidade, os custos com telefonia móvel também aumentam proporcionalmente e são os maiores entre os custos de telecomunicações que uma empresa pode ter. É preciso rever os gastos nessa área e encontrar formas de reduzi-los. Dificilmente será diminuindo a intensidade do uso, em termos de minutos e megabytes utilizados, mas, quando se estabelece algum controle, é possível, sim, reduzir custos de telecom significativamente. Há diversas técnicas para se fazer isso, e empresas especializadas já criaram métodos para obter os melhores preços nas negociações com operadoras e também estabeleceram processos para evitar abusos no consumo dos recursos de telecomunicações.

O Gartner profetiza que 80% das empresas gastarão mais que o planejado com seus serviços de mobilidade em 2012, segundo o *whitepaper* chamado *Ten Steps to an Enterprise Mobility Strategy*, da iPass. O documento ainda menciona algumas das razões para isso:

- Altíssimo custo de dispositivos móveis.
- Custos absurdos de roaming.
- Dispositivos abandonados que não estão mais em uso, mas que continuam gerando custos mensais de telecom.

No caso do primeiro item, a escolha de um dispositivo é orientada pelo desejo do usuário. Muitas vezes, os diretores de uma empresa querem os mais bonitos e os mais modernos, sem avaliar quais se encaixam no perfil da empresa em relação à segurança, confiabilidade ou qualquer outro requisito. Mesmo quando o funcionário compra seu próprio "objeto de desejo" para acesso aos serviços de mobilidade e o leva para a empresa para que seja conectado aos serviços de telecomunicações, ele está aumentando os custos de telecom, porque consumirá mais recursos de telecomunicações, invariavelmente.

> **❝** Por ser alto e imprevisível, esse tipo de custo [roaming] é ruim para todos, até mesmo para a operadora, que não tem escolha senão repassar o custo de utilização da rede de uma operadora de outro país... **❞**

O custo de roaming é, talvez, o maior vilão dos gastos de telecom em uma empresa, e é mais comum do que imaginamos. Praticamente todos os meus clientes de grande porte já chamaram os serviços de minha empresa em busca de alguma solução para evitar esse tipo de surpresa. É comum executivos utilizarem o roaming de dados em suas frequentes viagens para outras regiões, ou outros países, principalmente quando têm um equipamento como um iPhone, que é muito fácil de usar, estimulando o consumo de muitos megabytes para acessar o conteúdo variado que o dispositivo oferece, como vídeos, por exemplo. Se um plano de roaming não for adquirido antes da viagem (isso se sua operadora tiver, porque algumas não oferecem a opção de comprar um pacote de dados pré-pago, com valores bem menores, em muitos casos 10% ou menos), uma surpresa desagradável virá. Já ouvi de vários clientes histórias de executivos que, em três ou quatro semanas no exterior, geraram R$ 30 mil, R$ 50 mil e até mais de R$ 200 mil em roaming de dados internacional. Por ser alto e imprevisível, esse tipo de custo é ruim para todos, até mesmo para a operadora, que não tem escolha senão repassar o custo de utilização da rede de uma operadora de outro país, o que muitas vezes inicia uma disputa na qual o cliente decide não pagar a conta até que o assunto seja resolvido com a operadora. Mais adiante, abordamos algumas soluções que podem evitar esse tipo de custo indesejado.

O último item trata de situações em que um funcionário é demitido, mas seu plano de dados e voz continua ativo, ou então sai em férias e continua sendo tarifado, ou qualquer outra situação em que não se está usando os recursos de telecom, porém, como não há controle, não se desliga ou suspende o plano contratado. Se houvesse um bom controle de inventário, isso não aconteceria. E não estamos falando de inventário de hardware apenas, mas de inventário de mobilidade, como descrito no Capítulo 3, sobre MDM.

Gostaria ainda de adicionar mais alguns vilões que geram gastos altos de telecomunicações:

- **Falta de definição de custos por perfil de profissional**
  A empresa faz uma negociação, compra e distribui pacotes de serviços sem critérios para os colaboradores da empresa. Não tem sequer noção de quanto cada perfil ou grupo de usuário, ou mesmo quanto cada usuário individualmente, gasta ou quanto deveria gastar. Se isso fosse controlado e conhecido, haveria reduções fantásticas de custos.

- **Escolha errada de planos para usuários**
  Dá-se um plano qualquer sem procurar conhecer a real necessidade do usuário. Se existirem vinte diretores em sua empresa, espalhados por diversos estados do país, não necessariamente todos terão o mesmo volume de uso de voz e dados. Os custos de serviços podem não ser os mesmos em estados distintos. Então, por que entregar o mesmo pacote de serviços para todos os diretores? Se apenas alguns fazem viagens internacionais com frequência, por que contratar planos de roaming internacional para todos? Só por que é mais fácil?

- **Compra de pacotes de serviços desnecessários**
  Em negociações com operadoras, geralmente o comprador não tem noção do que precisa e, muitas vezes, nem do que está comprando. Por exemplo, ele adquire pacote de 300 unidades de SMS para cada usuário pelo preço de R$ 100, mas seus usuários utilizam em média

20 SMSs cada um por mês. Ou seja, parece um bom negócio, mas está gerando cinco vezes mais custos para a empresa. Em outros casos, na negociação direta e sem ajuda de empresa especialista, o comprador acaba optando por pacotes de dados com belos descontos no preço do minuto para chamadas interurbanas, mas 95% do seu custo está em chamadas locais, que continuam com preços bem acima do mercado. E o mais engraçado é que na maioria das vezes o comprador sai feliz da negociação porque conseguiu reduzir 8%, quando, na verdade, poderia ter reduzido 35%.

- **Falta de conhecimento dos gastos da empresa pelos gestores**
  Este ponto complementa os outros citados anteriormente, pois para escolher os planos certos e evitar serviços e produtos desnecessários é preciso conhecer os gastos da empresa, por perfil, grupo de usuários e por usuário propriamente dito. Uma vez que se tenha esse conhecimento, pode-se saber o que é necessário contratar, ficando mais fácil reduzir custos.

- **Contratação de operadoras sem critérios orientados para custos**
  Quais foram os critérios escolhidos para contratar sua operadora? Cobertura, qualidade dos serviços, qualidade do atendimento ou simplesmente custo? Na maioria das vezes, empresas contratam operadoras por motivos que não são técnicos nem relacionados a custos. Quando é feita uma análise técnica e voltada para os custos, o resultado alcançado é surpreendente.

- **Péssima negociação com as operadoras**
  Por fim, mas não menos importante, as negociações com as operadoras, na maioria das vezes, não são boas. Os custos contratados são desatualizados e altos. Os preços de planos de dados e voz têm se tornado cada vez menores devido à competitividade, falta de diferenciais oferecidos e também porque esses planos estão cada vez mais acessíveis em razão da alta demanda. Ou seja, os serviços de telecomunicações têm se tornado *commodity* (termo utilizado

para caracterizar um produto que não tem diferencial nenhum, como a banana, por exemplo, que é *commodity* porque banana é banana, a única diferença entre bananas de vendedores diferentes é o preço). E quando falo em serviços de telecom não me refiro apenas à telefonia móvel, mas também à telefonia fixa e a dados, que são todos serviços de telecomunicações, que envolvem links de dados ou links de acesso à internet.

A gestão de custos de telecomunicações (que passaremos a chamar de TEM daqui por diante) envolve quatro disciplinas principais: renegociação de contratos, recuperação de cobranças indevidas, sistema de gestão de telecom e gestão de uso. Vamos discutir, a seguir, um pouco mais sobre cada uma delas.

4.1 RENEGOCIAÇÃO DE CONTRATOS

Como mencionamos anteriormente, essa é uma tarefa que toda área de compras acredita que sabe fazer melhor que ninguém, só que na maioria das vezes o responsável por compras não faz bons acordos, mas sai da mesa de negociação acreditando justamente no contrário, que fez a melhor negociação de todos os tempos. Isso porque ele não se baseia em uma metodologia específica e tampouco tem conhecimento das melhores tarifas praticadas pelas operadoras para atender empresas de acordo com o seu perfil.

> "Várias empresas de renegociação de contratos cobram apenas a taxa de sucesso, mas é preciso avaliar a qualidade de cada uma..."

Com o surgimento das MVNOs (*Mobile Virtual Network Operators*), operadoras de telefonia móvel virtuais, os preços dos serviços de telecomunicações tendem a cair ainda mais, pois elas compram serviços das operadoras tradicionais em altíssimos volumes e os revendem para seus clientes por preços atraentes, com margens menores, gerando competitividade no mercado e fazendo com que as operadoras tradicionais passem a praticar melhores preços para não perderem clientes para o seu parceiro comercial, uma MVNO.

Minha recomendação é a de que não se pense duas vezes para procurar uma empresa especialista em TEM para renegociar contratos, porque na maioria das vezes esses fornecedores tarifam seus clientes com uma taxa de sucesso sobre o retorno alcançado, além de um projeto inicial com baixo custo. Várias empresas de renegociação de contratos cobram apenas a taxa de sucesso, mas é preciso avaliar a qualidade de cada uma, porque a menor taxa de sucesso aplicada não trará necessariamente o melhor resultado. E falo de resultado como o valor líquido de redução que será obtido para sua empresa, ou seja, o custo atual menos o novo custo negociado menos o custo de taxa de sucesso (e projeto) do seu fornecedor. Cada fornecedor tem sua taxa de sucesso, mas em geral eles cobram 40% do valor da recuperação mensal pelo tempo de contrato firmado com as operadoras.

Esse mesmo fornecedor pode oferecer algum acompanhamento mensal da sua situação e, possivelmente, quando seu contrato vencer em alguns anos, haverá nova possibilidade de redução de custos.

Mas como escolher um fornecedor de TEM que traga os melhores resultados?

- Procure conhecer sua metodologia.
- Veja para que clientes ele já renegociou contratos.
- Saiba que percentuais ele tem conseguido historicamente.
- Solicite uma análise prévia para saber qual o percentual que ele estima alcançar.
- Visite a empresa para conhecer a equipe que trabalhará em seu projeto.
- Entenda bem o processo de remuneração desse fornecedor.
- Entenda que tipo de relacionamento possui com as operadoras.

- Saiba qual software será utilizado para avaliar e processar suas contas telefônicas.
- Entenda o processo de preparação de RFI e RFP.
- Saiba quais são as entregas mensais que você terá após a realização da negociação (relatórios, serviços, etc.).
- Pergunte sobre os diferenciais em relação aos concorrentes.

Em geral, você não conseguirá saber muito sobre a metodologia utilizada, pois esse é o segredo e o principal bem que essas empresas possuem, mas se puder entender o trabalho do fornecedor em nível macro já será possível perceber o quão exitoso será o processo.

> ...não é preciso esperar seus contratos vencerem para iniciar alguma negociação. É comum algumas operadoras absorverem multas contratuais e, assim, sua redução de custos pode iniciar mais cedo do que você imagina.

Sobre o percentual a ser negociado para pagamento dos serviços alcançados, claro, tente conseguir o menor possível, mas o mais importante é que o seu retorno líquido seja satisfatório. Não escolha um fornecedor só porque ele propôs 10% sobre a redução alcançada. Se ele conseguir 10% de redução em seus contratos, seu resultado líquido será menor do que o obtido com outro fornecedor que lhe cobrar 40% de taxa de sucesso, mas procure alcançar 35% de redução (exemplificamos essa situação na Tabela 4.1, para que fique mais fácil compreendê-la).

Nesse exemplo, consideramos uma empresa com custos de telefonia móvel, fixa e dados de R$ 500 mil mensais. O retorno médio alcançado é em relação à média dos três tipos de serviços de telecom. O fornecedor mais barato seria o Fornecedor A, com custos de projeto inicial de R$ 10 mil e taxa de sucesso de 10%, mas geraria apenas 10% de redução, o que sua própria área de compras conseguiria. Então, nesse caso, o retorno líquido para sua empresa seria de R$ 35 mil no primeiro mês e R$ 45 mil para os demais. Já o Fornecedor B, embora tenha um taxa de sucesso de 35% e um custo inicial de R$ 20 mil, traria um retorno líquido de R$ 45 mil no primeiro mês e de R$ 65 mil para sua empresa nos demais meses do contrato. Enquanto o Fornecedor C, com as taxas mais altas para projeto e taxa de sucesso, respectivamente, de R$ 30 mil e 40%, traria o melhor resultado líquido de todos, com valor de R$ 70 mil mensais para sua empresa no primeiro mês e de R$ 90 mil para os demais.

Tabela 4.1 – Exemplo de análise de custo de fornecedores

Dados Cliente	Fornecedor A	Fornecedor B	Fornecedor C
Custo Mensal	R$ 500 mil	R$ 500 mil	R$ 500 mil
% da Redução	10%	20%	30%
$ da Redução	R$ 50 mil	R$ 100 mil	R$ 150 mil
% do Fornecedor	10%	35%	40%
$ do Fornecedor	R$ 5 mil	R$ 35 mil	R$ 60 mil
Custo de Projeto*	N/A (R$ 10 mil)	N/A (R$ 20 mil)	N/A (R$ 20 mil)
Resultado Líquido	**R$ 45 mil**	**R$ 65 mil**	**R$ 90 mil**

* O custo do projeto está como Não Aplicável e não será utilizado para o cálculo porque não é mensal, mas cobrado uma única vez; ou seja, terá impacto somente no primeiro mês.

É claro que o exemplo traz valores fictícios, mas o importante aqui é entender que se deve buscar o melhor resultado líquido, e não escolher um fornecedor pelo custo mais baixo, porque talvez esse não seja o critério ideal para obter o melhor resultado líquido, que é o que realmente importa. Na prática, sua empresa pode, por exemplo, obter uma redução líquida de 18% (exceto no primeiro mês), sem custo algum, porque o fornecedor prepara e conduz toda a negociação do começo ao fim e ainda fornece mensalmente relatórios da operação e outros serviços, dependendo da empresa prestadora de serviços. Esse acompanhamento mensal é muito importante para manter a redução de custos, do contrário, a utilização indevida fará seu custo com telecom voltar ao patamar em que estava ou mesmo aumentar.

Outra informação importante é que não é preciso esperar seus contratos vencerem para iniciar alguma negociação. É comum algumas operadoras absorverem multas contratuais e, assim, sua redução de custos pode iniciar mais cedo do que você imagina.

Nunca trabalhou os custos de telecom da sua empresa dessa forma? Bem, agora você já sabe por onde começar, então, mãos na massa! Redução de custos é o nome do jogo!

4.2 SISTEMA DE GESTÃO DE TELECOM

Quando falamos em gestão de telecom, estamos nos referindo a implantar sistemas que permitam conhecer os gastos de telecom e separar as contas telefônicas por filiais, departamentos, grupos de usuários ou por pessoa da empresa. Chamo esse tipo de aplicativo de "software de gestão de telecom" e, de agora em diante, o chamaremos simplesmente de SGT. Mas como funciona isso?

- As operadoras fornecem obrigatoriamente as faturas digitais de sua empresa em arquivos com alguns formatos, basta você solicitar o arquivo no formato desejado e fazer um *upload* dele no seu sistema de gestão de telecom (SGT)
- O SGT processará o arquivo e organizará as contas de acordo com as definições que foram estabelecidas na sua configuração.
- Após o processamento pelo sistema, custos, faturas ou contas ficam disponíveis para as pessoas que tiverem privilégio de acesso, e podem até estar acessíveis na intranet da empresa.

Para passar a ter controle e gerenciar seus gastos de telecom, primeiro você precisa pesquisar um SGT, e essa não é uma tarefa fácil, porque há vários tipos e de todos os preços. Novamente você precisará levantar o que é importante gerenciar para sua empresa e iniciar uma avaliação. Para avaliar um software de SGT, leve em consideração, no mínimo, os seguintes pontos, que são os mais comuns para qualquer empresa:

- Verifique quais formatos o software aceita.
- Verifique em quais formatos a sua operadora entrega os arquivos.
- Verifique se o software é capaz de separar as contas por filial, departamento, grupo, usuário, enfim, da maneira pela qual você prefira acompanhar.
- Verifique se o software é capaz de dividir os minutos que fazem parte do pacote corporativo e de que forma.
- Verifique se o software permite o gerenciamento de custos em tempo real.
- Verifique qual o modelo de negócios.
- Verifique se oferece também auditoria de contas, assunto que discutiremos no próximo tópico.
- Cheque se permite comparações entre o mês atual e o anterior, entre o mês anterior e o mesmo mês do ano passado, enfim, se permite as comparações que serão necessárias.
- Verifique se possui relatórios para apresentar contas fora do padrão. Por exemplo, se uma pessoa que costuma gastar R$ 150,00 em média e, em um determinado mês, gasta R$ 500,00, ela deve estar nessa relação de não conformidade.
- Pergunte se é possível fazer customizações posteriores, porque, uma vez implantado, você vai querer modificar sempre as configurações para que lhe tragam melhor visibilidade dos seus custos de telecom.
- Confira se vende, aluga ou oferece software como serviços.
- Veja se oferece gestão de inventário
- Cheque se faz processamento das contas telefônicas (*billing*).
- Se é capaz de processar grande volume de faturas, se for o seu caso.
- Acompanhamento da conformidade de contratos com as faturas.

- Relatórios: solicite por escrito e confira todos os tipos de relatórios que o sistema oferece.

Antes da decisão de contratar um SGT, solicite uma demonstração para testar se o *slideware* (brincadeira usada para mencionar que tudo funciona numa apresentação, mas será que funciona na prática?) está condizente com o software. Separe arquivos de sua própria fatura e solicite para que o fornecedor faça a carga no software para que você possa conferir o resultado. Certamente todas as funcionalidades não estarão presentes na demonstração, mas será possível ter uma ideia da qualidade do software e dos serviços prestados; ou seja, se a demonstração demorar três vezes mais que o proposto, o projeto poderá correr o risco de atraso também. Mas primeiro levante toda a informação do seu lado, porque não seria justo culpar o fornecedor por atraso se você não entrega no prazo todas as informações de que ele precisa. E dê a devida atenção ao projeto, porque a sua parte inicial é cansativa e demorada. A maioria dos clientes não entrega as informações de faturas e cadastro no prazo. E, como todo cliente, depois que entrega faz uma pressão enorme sobre o fornecedor, querendo repassar o atraso para ele. Seja justo e foque no teste da ferramenta.

Com uma solução SGT, você ficará impressionado com os resultados que conseguirá alcançar. Estimo que a redução mensal alcançada por meio dos controles trazidos por uma solução SGT é da ordem de 10% em média. Vejam só, eu, que sempre critiquei os institutos de pesquisa, por fazerem profecias para o mercado quase sempre equivocadas, aqui lançando meus próprios números. Mas, saindo em defesa própria, afirmo que essa estimativa não é uma previsão, mas, sim, resultado de experiência adquirida com a implantação de SGTs em algumas empresas. É simples entender como se chega a esse número. Uma vez que se tenha a informação facilmente à mão, é possível identificar os maiores gastadores da empresa e chamá-los para uma conversa enriquecida de sugestões de como evitar gastos excessivos e estouro de cota. Aliás, a implantação de limites fica mais óbvia a partir do momento em que um SGT revela a existência de alguns vilões dentro de sua empresa que contribuem para que seu custo extrapole o planejado, mas isso é discutido mais adiante, no tópico que trata especificamente de gestão de uso.

> "Nem todos os custos podem ser alocados por unidade de negócios, então, sempre há a necessidade de criar um centro de custos para aquelas contas que não se enquadram em nenhuma área."

Outro ponto importante a ser observado é que um software de SGT deve também permitir acompanhar se o seu contrato está em conformidade com sua fatura mensal. Uma vez cadastrados todos os dados, o sistema confere se a fatura da operadora segue as cláusulas do contrato com a sua empresa. Além disso, também deve ter capacidade de processar grandes volumes de faturas, o que é importante para empresas que têm centenas ou até mesmo milhares de faturas individuais de seus funcionários.

Com um SGT, será possível organizar e alocar custos de telecom por áreas de negócio da empresa, inclusive permitindo que cada área faça alocação de verba para pagar seus custos. No orçamento anual, cada unidade de negócio deverá alocar verba para pagar os seus custos de telecomunicações, permitindo maior controle dos gastos e mais motivação para a sua redução, afinal, o dinheiro terá de sair do "bolso" da própria unidade. Mas nem todos os custos podem ser alocados por unidade de negócios, então, sempre há a necessidade de criar um centro de custos para aquelas contas que não se enquadram em nenhuma área, como, por exemplo, as do presidente ou as das áreas comuns a todas as outras.

Com a auditoria, esse tipo de software permite identificar cobranças indevidas em suas faturas e fazer uma conciliação mensal, que é o assunto que vamos explorar agora.

4.3 RECUPERAÇÃO DE COBRANÇAS INDEVIDAS

Os sistemas de cobranças das operadoras de telefonia são extremamente complexos e o modelo de negócio, mais complexo ainda. É mais difícil cuidar de cobrança em uma operadora do que em um banco.

O banco possui alguns poucos produtos, talvez dezenas que podem ser adquiridos, sendo exagerado, mas uma operadora possui tantos quanto a criatividade pode criar. Converse com seus amigos e verá que praticamente existe um produto para cada pessoa. As combinações de pacotes de voz, dados, SMS, MMS são incontáveis. Uma pessoa possui o plano de 100 minutos de voz, com 30 SMSs, nenhum MMS e 20MB de dados; outra possui os mesmos 100 minutos de voz, mas apenas 20 SMSs, 10 MMSs e 20MB de dados. Parecem iguais, mas são produtos distintos e provavelmente terão cobranças distintas. Poderia gastar mais cinco páginas com exemplos, mas novamente lembro que não vou subestimar sua capacidade de entendimento!

Bem, se existem muitos produtos e todos possuem, em muitos casos, diferenças sutis entre eles, haverá erro nas faturas da sua operadora. É inevitável! É complexidade demais para dar certo. Então, o que devemos fazer é descobrir uma forma de encontrar esses erros e pedir ressarcimento quando algum valor for cobrado a mais e, por outro lado, avisar a operadora quando for cobrado a menos. Algumas pessoas me perguntam: "por que devolver se o erro é da operadora?", e eu sempre respondo: "porque você é honesto". Mas, claro, a decisão de devolver ou não sempre será da empresa que identificou o erro na cobrança.

> "As operadoras sabem que seus sistemas de cobrança falham e possuem verba aprovisionada para esse tipo de problema [...] Mas elas também não podem sair devolvendo dinheiro sem antes fazer toda a checagem necessária..."

A mesma solução de SGT pode ser capaz de ajudar a processar as suas faturas com o intuito de encontrar cobranças indevidas. No Brasil, é possível processar faturas de até cinco anos. Novamente você deve contatar a área responsável em sua operadora e solicitar o histórico de faturas em formato que seu SGT possa processar, se estiver disponível. Depois de processado, uma auditoria sobre as faturas deve ser realizada para gerar um relatório do montante total de cobranças indevidas. Com isso em mãos, você poderá montar uma estratégia para negociar o acerto de valores indevidos com sua operadora, o que, aliás, é uma tarefa bem árdua.

As operadoras sabem que seus sistemas de cobrança falham e possuem verba aprovisionada para esse tipo de problema. Para elas, não é interessante manter uma disputa por muito tempo porque, em geral, durante a pendência o cliente não paga suas faturas mensais, gerando problemas em seu fluxo de caixa. Mas elas também não podem sair devolvendo dinheiro sem antes fazer toda a checagem necessária para saber se o valor é realmente devido ao cliente. Então, prepare-se porque esse não é um trabalho fácil.

Depois de identificadas as cobranças indevidas do passado e considerando que sua empresa agora possui um SGT, mensalmente você poderá obter relatórios de auditoria e negociar com sua operadora o acerto de cobranças indevidas.

4.4 GESTÃO DO USO

Quando implantamos processos com o objetivo de doutrinar os colaboradores que utilizam recursos de telecomunicações da empresa para que gastem menos ou que tenham limites, chamamos isso de gestão do uso. E o simples fato de inserir cotas e fazer com que as pessoas saibam que alguém está controlando os gastos, faz com que elas controlem seus próprios gastos; é o efeito psicológico gerado pelo investimento em controle. Em alguns casos, o consumo mensal chega a ser reduzido pela metade, em outros pode até aumentar, mas é aí que o gestor de telecomunicações ou a empresa contratada tem de ir a fundo para descobrir os reais motivos dessas alterações de perfil de consumo.

4.4.1 Identificando as cotas ideais

Para encontrar a cota ideal para cada perfil, junte dados históricos de faturas telefônicas, incluindo todos os ramais e celulares, e avalie a média simples dos profissionais de cada perfil ou nível hierárquico, ou verifique a média entre o maior e o menor custo. Particularmente, prefiro o primeiro porque, se alguém estiver em férias o mês inteiro e gastar quase nada, o estudo será prejudicado.

Verifique também se existem distorções nas contas de alguns usuários que possam comprometer sua análise. O que quero dizer é que, se você tiver dez gerentes plenos e nove deles gastarem entre R$ 400 e R$ 500, mas houver um que gaste mais de $ 1000, esse usuário pode complicar sua análise. Entenda os motivos que levam um único usuário a gastar o dobro dos demais. Talvez seja uma necessidade, talvez apenas esse usuário atenda clientes em outros países e, realmente, precise fazer chamadas internacionais com mais frequência, o que eleva muito o seu custo. Se houver uma necessidade, então trate esse profissional como exceção. E trabalhe a média para os nove restantes para encontrar o valor ideal para os gerentes plenos da sua empresa.

> "No início haverá muita reclamação, mas depois do segundo mês elas cessarão."

Você deverá fazer esse estudo para cada nível hierárquico da sua empresa e, se preferir, poderá criar perfis dentro de um mesmo nível. Digamos que encontre a média de R$ 450,00 de gastos dos nove gerentes plenos do exemplo anterior. Você pode optar por oferecer esse valor como cota para todos os profissionais, fazendo com que os mais gastadores reduzam e os que gastam menos do que isso continuem gastando menos, ou você pode optar por reduzir um percentual para o valor médio encontrado — o que eu prefiro fazer. Se você reduzir 10%, poderá criar um desafio para esse pessoal. Garanto que todos tentarão controlar seus gastos e, dependendo das regras criadas, o efeito pode ser ainda melhor em termos de redução de custos. Sua empresa terá melhores resultados se não tiver nenhuma restrição quanto a pagar o valor da cota e descontar o que exceder do usuário (aqui usei a palavra usuário propositalmente, porque algumas empresas não fornecem esse tipo de recurso somente para seus empregados, mas também para qualquer perfil de colaborador, incluindo, mas não se limitando a empresas terceiras, colaboradores em modelo PJ, que é muito comum no Brasil, cooperados, etc.).

Esse tipo de controle implantado faz se destacarem mais as ligações pessoais, que poderão ser descontadas dos colaboradores também. Mas lembre-se de que, se você não criar os devidos processos e usar um SGT, sua estratégia para gestão do uso pode naufragar poucos meses depois de implantá-la. É importante criar, manter e acompanhar o processo.

No início haverá muita reclamação, mas depois do segundo mês elas cessarão. A principal é a de que não há como fazer um acompanhamento dos próprios gastos (pelo usuário) antes de o mês terminar. Somente após ter usado o recurso de telecomunicações durante o mês todo, a conta será fechada e o gasto poderá ser visualizado. Dessa forma, realmente será difícil de controlar, é possível, porém mais difícil.

> "A boa e velha conversa com os usuários mais gastadores é sempre muito importante. Lembre-os da importância da redução de custos e do esforço que sua equipe tem dedicado para controlar, criar processos e manter os gastos dentro do solicitado pelo presidente da empresa..."

Nos meses em que usuários ultrapassarem a sua cota, eles trarão justificativas e tentarão convencer os responsáveis de que o excedente foi utilizado para contatar clientes, para resolver problemas e que se não tivessem usado teriam gerado prejuízo muito maior para a empresa. É importante ter o comprometimento dos gestores dessas pessoas porque, se para qualquer reclamação for aberta uma exceção, sua empresa terá de contratar uma pessoa para atender as filas de justificativas que os usuários farão. Se sua empresa decidir trabalhar dessa forma, no mínimo, crie um processo burocrático para que o usuário tenha que escrever uma justificativa, submetê-la à aprovação de seu superior, para depois entregar na área financeira, que avaliará se deve ou não ser efetuado o desconto. E se o gestor concordar, então, como a essa altura provavelmente todo o custo de telecom é gerenciado pelo seu SGT, você poderá mostrar para a empresa quais são as áreas que reduziram, as que mantiveram e até as que aumentaram os custos de telecom. Claro que poderá haver exceção dentro de uma área e, se não for identificada no começo do projeto, ao longo dos meses você poderá trazer um usuário "exceção" para uma regra particular para evitar essa discussão mensalmente, mas esclareça a situação para seu gestor de que o custo ou a falta de redução é responsabilidade dele.

A boa e velha conversa com os usuários mais gastadores é sempre muito importante. Lembre-os da importância da redução de custos e do esforço que sua equipe tem dedicado para controlar, criar processos e manter os gastos dentro do solicitado pelo presidente da empresa ou pelo diretor financeiro ou por qualquer outro figurão que eles respeitem o suficiente para se comprometerem com a causa. A conversa antes que o problema aconteça é ainda mais eficiente e, já que como gestor você tem acesso aos maiores gastadores por meio de seu SGT e/ou software de controle de gastos com telefonia móvel, é melhor chamar alguém para uma conversa na metade do mês do que após a conta ter sido fechada e o gasto ter atingido um valor alto. Depois de terminado o período, não há mais nada o que se possa fazer naquele mês. E é claro que não se deve ter essas conversas todos os dias com todos os usuários que abusarem dos gastos. O que você pode fazer é criar processos para evitar gastos bem acima do normal e outras estratégias que o ajudem a manter o volume de consumo caindo ou pelo menos estável.

4.4.2 Controlando os gastos em tempo real

É importante deixar claro que a maioria dos SGTs não oferece funcionalidades de controle de gastos em tempo real, mas alguns já conseguem fazer isso por ramal, permitindo o cadastramento da cota-alvo e a configuração de gatilho que disparam e-mails aos usuários quando eles atingirem a cota. A criação de gatilhos vai depender do software e da sua estratégia para configurá-los, que pode ser definida em valores absolutos ou percentuais.

Para a telefonia móvel, que é a parte mais cara de contratos de telecom, também começaram a surgir aplicativos móveis para smartphones que conseguem controlar os gastos em tempo real e permitem ao usuário consultá-los a qualquer momento. Algumas soluções permitem que o gestor de telecom configure os valores-alvo para cada perfil e também os gatilhos, ou deixe que o próprio usuário os configure. A telefonia móvel tem, além de chamadas de voz, as mensagens curtas ou SMS e os planos de dados, que nem sempre são ilimitados. Controlar isso é um pouco mais complexo que a telefonia fixa, porque, ou sua empresa consegue uma integração com os sistemas de *billing* das operadoras, o que é impossível, ou instala aplicativos móveis que se integrem com o sistema operacional do dispositivo móvel, controlando cada chamada, mensagem enviada ou pacote de dados transferido.

Na Figura 4.1, apresentamos a imagem da tela do Navita TEM, gentilmente cedida pela Navita.

Na Navita, participei da criação de um dos primeiros softwares para controle dos gastos em tempo real para telefonia móvel mediante aplicativos. E, pelo menos até a data em que este livro estava sendo concluído, havia diferenças entre as principais plataformas de mobilidade para o mercado (estou falando de BlackBerry, iOS, Android, Symbian, Windows Mobile, etc.), de modo que várias funcionalidades podiam ser executadas somente em uma ou poucas plataformas. Outras eram fechadas e não permitiam o controle detalhado da utilização. Por isso, antes de selecionar um software de controle de gastos de telefonia móvel em tempo real, é importante atentar para a capacidade do software e para a(s) plataforma(s) em utilização ou que possam vir a ser utilizadas por sua empresa.

Uma das partes mais importantes, além da capacidade de coleta de informações do software cliente que fica instalado nos smartphones e tablets, é a retaguarda que recebe essa informação e, após processá-la, compara com os dados de cadastro do cliente. É lá que o gestor de telecom cadastra os limites e quando os avisos e alertas devem ser disparados, além de ter acesso em tempo real às informações de gastos por grupos e usuários, como, por exemplo, aos relatórios dos usuários que estão com seus gastos em 20% da cota parcial. Antes que acabe o mês, é possível lembrar o usuário que seu gasto está 20% acima do que deveria até aquele dia.

Figura 4.1 – Tela do Navita TEM.

❝Quando geralmente se sabe que houve viagem internacional? Quando a fatura da operadora chega com dezenas de milhares de reais em gastos de roaming. Esse tipo de gasto é ainda mais comum com dispositivos como o iPhone...❞

A Figura 4.2 mostra a tela do Navita TEM para tablets (imagem gentilmente cedida pela Navita).

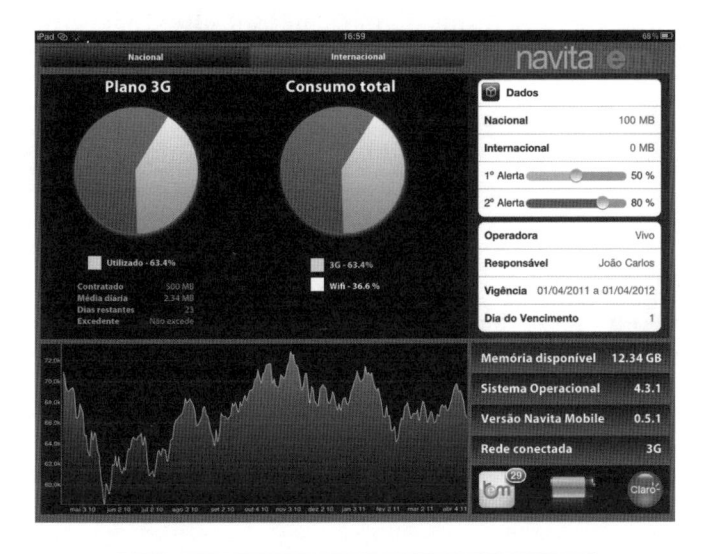

Figura 4.2 – Tela do Navita TEM para tablets.

> "O importante é trabalhar também a moderação do consumo de recursos e cravar isso na cultura da empresa."

Uma das minhas funcionalidades favoritas é a que detecta roaming e envia alertas para o gestor de serviços de telecom. É comum usuários fazerem viagens internacionais de negócios sem sequer avisar aos gestores de telecomunicações para que encontrem a forma mais barata e eficiente de continuar provido pelo serviço. Quando geralmente se sabe que houve viagem internacional? Quando a fatura da operadora chega com dezenas de milhares de reais em gastos de roaming. Esse tipo de gasto é ainda mais comum com dispositivos como o iPhone, que oferece boa experiência de uso e facilidade para consumo de conteúdos ricos e de vídeos, que trafegam maior volume de dados. Depois de gerado o gasto, não há o que fazer, não é culpa da operadora, tem de pagar, sem reclamar. Mas esses gastos são altíssimos e, como já mencionei anteriormente, essas situações já ocorreram na maioria das empresas em que seus executivos realizem viagens de negócio no exterior. Como evitar isso? Com a funcionalidade de gestão de gastos em roaming. E como funciona? Basta um usuário, com o aplicativo de controle de gastos em tempo real instalado em seu dispositivo, ligar o aparelho em outro país para que o software detecte que está fora e envie alertas para o gestor de telecom configurado no software. O gestor poderá contratar um pacote de dados especial para roaming, ou no mínimo instruir o usuário a utilizar Wi-Fi em vez da rede da operadora e, melhor, se estiver utilizando uma plataforma de MDM, poderá definir a configuração e enviar diretamente para o dispositivo, sem a participação do usuário.

Algumas empresas, por questões estratégicas ou mesmo para evitar o que diz o ditado "santo de casa não faz milagre", contratam empresas especialistas para definir as cotas e gerenciar sua implantação. Dessa forma, não perdem seu foco e, quando alguém reclama, culpam a consultoria, não a área de gestores de serviços de telecom. Outras vezes, faz assim porque a equipe é limitada e não dispõe de profissionais para serem alocados para preparar um projeto que exige certa dedicação e certo tempo até que seja implantado. Também exige tempo para o acompanhamento mensal e para garantir que os resultados sejam alcançados. Se você acha que não terá condições de planejar e executar um projeto desse porte, então é melhor contratar alguém, ou seu resultado líquido será menor se executado internamente.

> "A gestão de uso bem trabalhada ajuda a reduzir pelo menos entre 7% e 10% dos gastos mensais de uma empresa, mas esse percentual pode ser ainda maior..."

Hoje em dia existem várias formas de se controlar o consumo de recursos de telecomunicações, seja por meio da criação de políticas, cotas, processo ou mesmo pela utilização de softwares. O importante é trabalhar também a moderação do consumo de recursos e cravar isso na cultura da empresa. Haverá dificuldade nos primeiros meses, mas depois disso estará bem incorporado e, a partir daí, é só colher os frutos. Outro ponto importante é contabilizar os ganhos alcançados. Por que não preparar um relatório mensal com os ganhos conquistados após a implantação de um projeto de TEM? Apresente qual foi o ganho desde o início do projeto e o ganho mensal conquistado; isso fará de você um profissional melhor aos olhos do seu diretor, e dele um diretor melhor aos olhos do presidente da empresa, que, por sua vez, será mais bem visto pelos acionistas.

4.4.3 O risco do impacto na telefonia fixa

Outro cuidado que se deve tomar ao implantar as cotas para a telefonia móvel, é que sua empresa não tenha uma surpresa desagradável com os custos da telefonia fixa. Uma chamada de celular para celular custa em média duas a três vezes menos que uma chamada fixa para móvel. Se os colaboradores da sua empresa abandonarem as chamadas de celular para celular e passarem a fazer todas as chamadas de fixo para celular, seu custo da telefonia fixa pode dobrar ou até triplicar. É preciso prudência e acompanhamento contínuo. O mais fácil para eliminar esse problema é colocar em sua central telefônica placas de saída por linhas móveis e programá-la para que gerencie as chamadas de forma inteligente e automática. É muito fácil a implantação desse tipo de solução e, com uma simples configuração, toda vez que alguém efetuar uma chamada para telefone celular, sua central telefônica escolherá como saída uma das linhas móveis disponíveis, mantendo assim a redução de custos. E melhor, se você implantar linhas da operadora mais comumente utilizada como destino por seus funcionários, é possível configurar para que a central telefônica escolha a linha dessa operadora para fazer a chamada, reduzindo ainda mais o custo, porque geralmente é mais barata uma chamada entre linhas da mesma operadora.

A gestão de uso bem trabalhada ajuda a reduzir pelo menos entre 7% e 10% dos gastos mensais de uma empresa, mas esse percentual pode ser ainda maior, tudo depende da estratégia que for adotada. E depende também do acompanhamento contínuo após a implantação dos processos e softwares para controle dos gastos. Defina sua estratégia antes de implantá-la, não siga uma regra de tentativa e erro, pois, se você determina uma cota e três meses depois tenta reduzi-la, estará alimentando uma legião de inimigos e possíveis boicotadores. Planeje antes de executar e, depois, garanta que a execução seja a melhor possível.

5
ESTRATÉGIAS PARA MOBILIDADE

"Se você me perguntar hoje qual é a melhor plataforma móvel para desenvolver um aplicativo com foco em consumidor final, eu lhe daria uma ótima resposta de consultor: depende."

5.1 ESTRATÉGIA PARA APLICATIVOS MÓVEIS

Para sua empresa e para sua estratégia de aplicativos, o que você precisa considerar é qual ou quais os sistemas operacionais são e continuarão sendo mais utilizados nos próximos anos pelo seu público. Se 50% dele usa aparelhos Nokia e tem idade acima de 40 anos, sem demonstrar interesse em tecnologia, é provável que valha investir em Symbian. Mas se o seu público é formado em sua maioria por jovens, loucos por tecnologia e com alto poder aquisitivo, iOS e Android podem ser as melhores opções. Ou ainda, se o seu público é formato por profissionais que usarão seu aplicativo no mundo corporativo em smartphones e tablets, então pense em iPad e BlackBerry. Estes são alguns exemplos de como você deve pensar, pesquisar e estruturar sua estratégia para aplicativos móveis.

Se você me perguntar hoje qual é a melhor plataforma móvel para desenvolver um aplicativo com foco em consumidor final, eu lhe daria uma ótima resposta de consultor: depende. Antes de pensar no sistema operacional a ser escolhido, vamos entender o que realmente é preciso. A seguir, listo algumas perguntas para fazê-lo pensar e entender o que será o seu aplicativo:

O quê

- Qual o problema que o seu aplicativo vem resolver?
- Quais as funcionalidades que ele deve possuir?
- Já existem aplicativos semelhantes?
- Quais os pontos fortes desses aplicativos?
- Com que características o seu aplicativo pode trazer inovação?
- Quantos idiomas deverá ter?
- Terá sazonalidade ou picos? Ou será de uso ocasional?

Para quem

- Qual o perfil do seu aplicativo? Consumidor, Corporativo, para o Cliente do seu Cliente (B2B2C)?

- Será gratuito, pago ou corporativo?
- Você conhece bem o público que usará esse aplicativo?
- Você consegue segmentar o público por faixa etária, poder aquisitivo, sexo, idioma, região, preferências, etc.?
- Qual a criticidade e a importância do usuário?
- Qual ou quais plataformas o público desse aplicativo utiliza e possivelmente utilizará no futuro?

Como
- Como será distribuído?
- Para quais regiões?
- Como controlará as licenças de cada usuário? Por exemplo, se seu aplicativo for pago e um usuário comprá-lo e precisar trocar de smartphone, como será o processo?
- Como controlará as diversas versões entre sistemas operacionais e modelos de aparelhos?
- Qual será a fonte de informações para esse aplicativo?
- Como será a integração com a retaguarda, caso haja?
- Como deverá ser o suporte ao aplicativo? 8x5, 24x7?

Quando
- Qual o prazo para lançar esse aplicativo?
- Se demorar para lançar, existe algum risco de um competidor conquistar seu espaço?
- Qual a vida útil do seu aplicativo? Eterna ou sazonal?

Essas são somente algumas perguntas com o intuito de ajudar a entender o que será o seu aplicativo ou a estratégia de aplicativos para sua empresa. Após sua compreensão, para quem será, quando deverá ser lançado e quanto tempo durará e ainda como deverá funcionar e atender a seus usuários, você estará apto para definir uma estratégia de mobilidade.

> "Em casos de terceirização, lembre-se de que você não pode errar."

E como fica sua estratégia para aplicativos corporativos? A grande questão que se encontra em praticamente todas as empresas é se devem investir na aplicação cliente *versus* servidor (software cliente no dispositivo móvel, integrado ao servidor) ou se devem fazê-lo na aplicação Web com *templates* acessíveis por smartphones e tablets. De novo depende do seu público, mas:

- Uma aplicação Web não permite integração com o sistema operacional para colocar uma chamada para seu aplicativo no menu do software de leitura de e-mails ou no menu do navegador.
- Um aplicativo Web só funciona *on-line*.
- A performance de um aplicativo cliente é geralmente melhor porque não precisa baixar imagens sempre e, basicamente, troca arquivos de texto entre o servidor e um dispositivo móvel, apresentando um desempenho muito melhor.
- Com um aplicativo cliente é possível construir uma melhor experiência de uso, porque se pode acioná-lo diretamente pela tecla menu, e é possível usar melhor a tela disponível ou mesmo integrá-lo com outras aplicações do sistema operacional.
- Com um aplicativo cliente é possível alcançar níveis de segurança mais altos. No caso do BlackBerry, por exemplo, é possível integrar o aplicativo cliente com um ERP, sem expor o ERP na internet.
- A tecnologia *push* é um conceito que permite executar ações automaticamente. Por exemplo, ao chegar uma aprovação na aplicação cliente, ela pode fazer o telefone vibrar, tocar uma música ou outra ação semelhante, que com um Website *mobile* não é possível.

- A integração com recursos do dispositivo móvel como GPS ou câmera fotográfica só é possível com uma aplicação cliente.
- Cada plataforma exige um desenvolvimento de aplicativo cliente separado, praticamente, enquanto com um aplicativo Web para dispositivos móveis pode ser um único desenvolvimento com alguns poucos *templates* para adaptar a tela ao tipo de tela de cada equipamento.
- Desenvolver aplicação Web não exige nova capacitação, caso seu desenvolvimento seja interno e não tenha profissionais com essa experiência.
- A distribuição de novas versões ou mesmo da versão inicial não exige muito esforço para a aplicação Web, já com a versão cliente ela pode ser feita por software de MDM.

Desenvolver aplicações baseadas em Web ou cliente dependerá da sua análise e do seu negócio, mas pense sobre os pontos listados anteriormente e reflita sobre outros desafios que você tenha de enfrentar e que não foram mencionados aqui. Tenho certeza de que você encontrará a melhor estratégia para o desenvolvimento de aplicativos móveis para sua empresa.

Em casos de terceirização, lembre-se de que você não pode errar. Então, identifique empresas que sejam capazes não somente de desenvolver o aplicativo, mas que tenham condições de ajudá-lo a suportar os usuários e experiência no desenvolvimento de software e integração, se for necessário.

Além disso, preste atenção na escolha da operadora e verifique se o dispositivo móvel escolhido está homologado nela e qual é a sua cobertura para as regiões onde seus usuários estão localizados.

Termino essa parte reforçando que você deve fazer uma pesquisa com seu público para entender o que essas pessoas utilizam como dispositivo móvel, se estão conectadas em tempo integral, se utilizarão a aplicação em áreas sem sinal ou regiões de sombra, etc. A pesquisa pode mostrar um cenário totalmente diferente daquele que você imagina.

5.2 ESTRATÉGIA PARA MDM

Antes de criar qualquer estratégia para MDM, entenda o que sua empresa precisa gerenciar e quais os riscos, ou os possíveis problemas, que podem ocorrer. Uma vez que você tenha claro o que precisa, saia em busca da melhor solução para a sua realidade. Muitas vezes a solução ideal custa mais do que a sua verba disponível, então você terá que buscar outras opções.

> "Procure estabelecer contratos com os fabricantes de smartphones ou com empresas que possam fornecer consultorias pontuais em caso de crise."

Se sua empresa precisa de todas as disciplinas do MDM, separe suas necessidades de controle por elas:

- Segurança.
- Gestão de aplicativos.
- Gestão de configuração.
- *Tracking* de dispositivos.
- Suporte.
- Inventário.
- Gestão de reparos.
- Monitoramento.
- Geolocalização.

Entenda o que é necessário e o que é desejável para cada uma dessas disciplinas. Defina a estratégia para suportar e administrar a mobilidade em sua empresa. Não tente ser um super-herói, mas também não terceirize tudo só porque é mais fácil. Avalie os recursos que sua empresa já possui e que podem atender ao projeto, sem comprometer a qualidade e sem gerar um custo maior que o da terceirização. Muitas vezes existe um time de suporte, mas que pode estar 100% alocado e, para ampliá-lo, serão necessários investimentos não só em profissionais, mas em ampliação de espaço, equipamentos, etc.

Existem muitas soluções para MDM como serviço, ou seja, sua empresa pode terceirizar a gestão completa, ou mesmo parte da gestão, pagando apenas uma mensalidade, sem ter de adquirir licenças de softwares, comprar servidores nem se preocupar com toda a infraestrutura envolvida em projeto assim. Esse pode ser um bom modelo para testar uma solução que melhore a qualidade do nível de serviço em mobilidade corporativa. Se sua decisão for comprar uma plataforma de MDM, avalie muito bem as que estão disponíveis e não compre simplesmente a mais barata. Faça testes reais, solicite uma demonstração prática ou um teste por alguns dias. Converse com os clientes do fornecedor, pesquise e tenha a certeza de tomar a melhor decisão, porque trocar uma plataforma de MDM dá mais trabalho do que comprar pela primeira vez.

> **"** Monitore ativamente seu ambiente, seja pela aquisição de uma ferramenta, seja pela contratação de monitoração como serviço. **"**

Não se empolgue, e contrate apenas os serviços de que realmente precisa!

Para situações em que sua estratégia seguir para montar uma equipe interna de gestão da mobilidade, não hesite em investir em sua capacitação. Também sugiro que não utilize profissionais compartilhados; dê a importância que a mobilidade merece e não corra o risco de entrar em paradas longas de serviços, convivendo com o problema por horas ou até mesmo dias. Procure estabelecer contratos com os fabricantes de smartphones ou com empresas que possam fornecer consultorias pontuais em caso de crise. Saiba como sua(s) operadora(s) pode(m) ajudá-lo e tente estabelecer processos para extrair o máximo do suporte técnico oferecido por ela(s) ou mesmo para identificar e resolver problemas de sua(s) responsabilidade(s).

Mesmo estruturando uma equipe interna, será necessário um software de MDM para a maioria das plataformas. Para clientes que utilizem o BES ou BES express da RIM, existe a possibilidade de fazer a gestão da mobilidade pelo próprio BES, que tem 80% das funcionalidades necessárias para a gestão de dispositivos móveis.

Monitore ativamente seu ambiente, seja pela aquisição de uma ferramenta, seja pela contratação de monitoração como serviço. O importante é encontrar uma forma de descobrir os problemas antes de seus usuários. Mantenha seus softwares sempre atualizados e com as últimas versões disponíveis, bem como os sistemas operacionais dos dispositivos móveis; isso ajudará a diminuir o número de chamados em sua central de suporte.

> "Entenda como será implementada a gestão de uso e como funcionam os softwares para controle de gastos em tempo real."

Converse com profissionais de empresas que já passaram por esse processo de implantação de soluções e processos de MDM. Compreenda quais foram seus desafios, suas dificuldades e, principalmente, quais foram os erros cometidos. Depois de levar em consideração isso tudo, você seguramente tomará a melhor decisão, e espero que tudo o que discutimos aqui possa ser útil para a sua estratégia de MDM.

5.3 ESTRATÉGIA PARA TEM

Quanto mais tempo você demorar para definir sua estratégia de TEM, mais dinheiro deixará sobre a mesa. Mas também não permita que a pressa atrapalhe a estratégia para a gestão de custos de telecom de sua empresa. Você precisa definir se vai terceirizar esse projeto ou se desenvolverá parte internamente e parte com algum fornecedor. Esse é o típico projeto em que dificilmente se alcançará os mesmos resultados executando-o internamente, porque exige um nível de experiência e conhecimento de preços praticados por operadoras que só empresas especialistas detêm. Algumas empresas conseguem fazer parte internamente e parte com terceiros. Por exemplo, a implantação dos processos de gestão de uso, a definição de cotas, dentre outros, poderiam ser executados e planejados pela equipe interna, enquanto a renegociação de contratos, a recuperação inicial e os softwares seriam providos por outros parceiros.

Outro fato comum é uma empresa terceirizada fazer a recuperação inicial, aquela que processa as contas de até cinco anos atrás, e depois disso a equipe interna faz ela própria a auditoria mensal.

Se você tiver profissionais em seu time com tempo ocioso e com conhecimento para executar esse tipo de processo, siga em frente com a equipe interna, caso contrário, terceirize, porque, lembre-se, o pagamento em geral e em sua maior parte é feito por meio de uma taxa de sucesso; então você não terá que usar seu orçamento para pagar esse projeto, ele será pago com o retorno alcançado. Isso por si só justifica deixar sua equipe focada no que é mais importante para o negócio da sua empresa.

> "A solução mais barata, se não trouxer um bom resultado, será o pior negócio."

A escolha do fornecedor deve ser muito benfeita, como sempre. Procure selecionar uma empresa que, além de ter experiência e casos de sucesso, também o atenda com o máximo de serviços possíveis. Não adianta você ter uma empresa para renegociar contratos, outra para recuperar cobranças indevidas, outra para gestão de uso e outra para fornecer os softwares. Seu esforço de gestão será maior que o resultado alcançado e é bem provável que tantos fornecedores gerem conflitos e prejudique seu projeto no final.

Avalie também os softwares que seu fornecedor usará e qual sua metodologia. Entenda como será implementada a gestão de uso e como funcionam os softwares para controle de gastos em tempo real, se isso fizer parte do seu projeto — e recomendo que faça.

E não se esqueça de avaliar e decidir pelo maior resultado líquido. A solução mais barata, se não trouxer um bom resultado, será o pior negócio. Procure alcançar o maior resultado líquido, que será o da redução de custos efetiva para sua empresa, ou seja, a redução alcançada menos os gastos com softwares e serviços do fornecedor. Não trate um projeto de

TEM como um projeto pontual, prepare-se para continuar trabalhando nele durante meses, anos. Quanto mais você cuidar dos processos, focar no resultado e orientar as pessoas que trabalham em sua empresa e que utilizam recursos de telecomunicações (ou seja, todos), melhor será o seu resultado e, em todas as disciplinas, resultado significa redução de custos, que é música para os ouvidos de qualquer diretor ou presidente de empresa.

CONCLUSÃO

"... não preciso ter uma bola de cristal para saber que as empresas que não tiverem controle sobre os acessos móveis para seus sistemas, ou não puderem apagar informações em dispositivos perdidos ou roubados, não terão como impedir prejuízos homéricos para suas organizações."

A primeira pergunta que deve ter invadido sua mente ao deparar com este livro foi: "por que mobilidade e telecom no mesmo livro?". Simples de responder: porque esses são os dois principais problemas para se administrar nas empresas atualmente. Mobilidade, porque está invadindo as empresas a uma velocidade incrível, com novos dispositivos, novos aplicativos, novos modelos de serviços, além da falta de conhecimento generalizada nas empresas de como administrar isso tudo. E telecom porque o custo com telecomunicações cresce proporcionalmente ao volume de dispositivos móveis e seus incontáveis recursos. O que gestores em todos os tipos e tamanhos de empresas precisam saber hoje é como administrar a mobilidade e, ao mesmo tempo, reduzir custos de telecom, principalmente em telefonia móvel, que é o maior para as empresas.

> "As TVs já começam a sair com aplicativos embarcados e mudarão muito nos próximos anos, porque provavelmente passarão a ser um dispositivo fixo, mas com muitos aplicativos que migrarão de telefones celulares para essas TVs inteligentes. Tudo conectado, tudo integrado, mas será que tudo gerenciado?"

A Forrester Research já profetizou que em 2012 teremos quase 400 milhões de "trabalhadores móveis". Hoje os problemas de gestão dos dispositivos de toda essa gente estão concentrados basicamente em como administrar smartphones e tablets. Daqui a um ou dois anos pode surgir outro tipo de dispositivo e, se sua empresa demorar demais para profissionalizar a mobilidade, poderá fazer parte das empresas que perderam muito dinheiro pela falta de controle da mobilidade corporativa. A velocidade e a forma com que aplicativos móveis vêm sendo desenvolvidos não ajuda nem um pouco a vida dos gestores de mobilidade, pelo contrário. Se você não acredita nisso, basta olhar para trás e entender que há quatro anos não existia iPhone, iPad, Android e nem mesmo lojas de aplicativos *on-line*, com poder incomensurável de invasão de dispositivos móveis corporativos. O líder absoluto era o sistema operacional Symbian, e a Nokia era imbatível. Hoje ambos despencam, enquanto seus adversários, com menos de quatro anos, disputam a liderança do mercado de mobilidade.

Não farei previsões sobre o futuro, para isso existem os institutos de pesquisa e os videntes. Mas não preciso ter uma bola de cristal para saber que as empresas que não tiverem controle sobre os acessos móveis para seus sistemas, ou não puderem apagar informações em dispositivos perdidos ou roubados, não terão como impedir prejuízos homéricos para suas organizações. As áreas de segurança da informação já são e continuarão sendo os impulsionadores da implantação de soluções de MDM e ajudarão a trazer maturidade ao desenvolvimento de aplicativos móveis, da mesma forma que aconteceu com a Web nos seus primeiros anos. A hora de controlar essa bagunça chamada mobilidade é agora, ou sua empresa sofrerá as mesmas consequências que muitas já experimentaram com a Web. Muitas iniciativas desestruturadas e distribuídas que despenderam muito tempo e dinheiro em suas estratégias tecnológicas serão responsáveis pelo mesmo cenário para a mobilidade, exigindo enorme investimento para padronizar os desenvolvimentos e controlar algo que poderia ter sido padronizado e controlado desde o início.

Um mercado enorme começa a ser aberto para os sistemas operacionais móveis, mas por enquanto somente o Android, que, dentre os líderes é gratuito, parece estar sendo escolhido para esses novos mercados, que terão aplicativos rodando por todos os ambientes em que vivemos: desde o nosso carro, que, por meio de um equipamento que um dia era usado somente para tocar músicas, permitirá uma conexão para buscar informações da previsão do tempo com o recurso *text-to-speech* (conversão de texto para áudio) que nos alerte pelo áudio do próprio automóvel, sobre o que vamos enfrentar em termos de condições climáticas; até nossa geladeira, que poderá controlar o que entra e sai por NFC (*near field communication*, ou comunicação baseada em aproximação), coletando informações importantes determinadas por nós e transferindo-as para um ambiente na nuvem (*cloud computing*), para usarmos depois, com o objetivo de controlar a quantidade de produtos que temos em casa, por exemplo. As TVs já começam a sair com aplicativos embarcados e mudarão muito nos próximos anos, porque provavelmente passarão a ser um dispositivo fixo, mas com muitos aplicativos que migrarão de telefones celulares para essas TVs inteligentes. Tudo conectado, tudo integrado, mas será que tudo gerenciado? Quando cursei mestrado em 2000, fiz um trabalho sobre redes JINI, um tipo de tecnologia que permitiria integrar todos os equipamentos eletrônicos de uma casa e, como sempre fui muito otimista, pensava que isso demoraria uns trinta ou quarenta anos para se tornar realidade, mas não demorou nem quinze. Esses são apenas alguns exemplos para ilustrar que a mobilidade não se limita a telefones celulares, mas deverá invadir praticamente tudo que se move ou que seja utilizado de alguma forma em nossa vida particular ou profissional. E estou esperando o dia em que as pessoas implantarão chips para utilizarem serviços por localização, ou aproximação desses chips para abrir o portão da garagem, a porta de casa ou monitorar os próprios filhos. Nesse dia, começará o movimento religioso contra sua utilização, argumentando que na Bíblia estava escrito que um dia o demônio implantaria chips nas pessoas. Não sei se isso será vendido e implantado pelo capeta, mas que vai acontecer, não tenho dúvidas.

> "Mostre como é simples fazer mais com menos. Não é difícil, mas também não tente transformar sua equipe de tecnologia em super-heróis..."

As empresas, em sua luta para reduzir custos com pacotes de voz e dados contratados das operadoras, vão fortalecer aquelas de telefonia móvel virtuais, porém o mercado de telecomunicações continuará crescendo, o que compensará a redução de valor. Hoje as pessoas já possuem um chip para o smartphone e outro para o tablet, amanhã terão mais um para o carro e outro para a TV para poder consumir conteúdos oferecidos exclusivamente pelas operadoras, etc. Mas as operadoras não continuarão oferecendo apenas esses serviços que hoje já são *commodities*. Elas passarão a se posicionar (e algumas já estão assim) como provedores de soluções de TIC (tecnologia da informação e comunicação), abastecendo seus milhares de clientes corporativos com serviços, softwares e soluções de uma grande rede de parceiros que utilizam o seu ecossistema para vender produtos e serviços por preços mais baratos, mas para um universo muito maior de clientes, proporcionando assim novas fontes de rendimentos para as operadoras de telefonia.

Espero que os temas que discutimos neste livro sejam úteis para sua empresa e possam ajudá-lo a estruturar a melhor estratégia para mobilidade e serviços de telecom ou ainda para escolher os melhores fornecedores desse tipo de solução. Espero também que a partir de agora suas homologações não sejam apenas em termos de dispositivos, mas também em termos de segurança, confiabilidade, integração com ferramentas de MDM, controle e custos de telecom.

> "Só assuma o risco de gerenciar tudo internamente com ferramentas e equipes devidamente capacitadas, do contrário, contrate uma empresa especialista..."

Gostaria, ainda, de não ver mais contas de roaming gigantescas e surpreendentes nas empresas. O custo de roaming de voz e dados deve cair bastante, e todas as operadoras devem começar em breve a vender pacotes de dados pré-pagos, o que para países como o Brasil, que possui mais de 80% dos clientes de telefonia móvel com pacotes de voz pré-pagos, seria uma maravilha, porque traria boa parte desse que é o maior volume para o mundo da mobilidade. Até hoje você e sua empresa poderiam alegar não conhecerem como gerenciar mobilidade e custos de telecom, mas agora isso não é mais desculpa. Mostre como é simples fazer mais com menos. Não é difícil, mas também não tente transformar sua equipe de tecnologia em super-heróis. Só assuma o risco de gerenciar tudo internamente com ferramentas e equipes devidamente capacitadas, do contrário, contrate uma empresa especialista, pois dificilmente o custo será maior que criar e manter o conhecimento e os processos internamente. O importante é que, agora, você já sabe como prosseguir das duas formas e como obter o que mais lhe desejo: SUCESSO!

ANEXO
Guia de boas
práticas de MDM[1]

por João Carlos da Cunha Cordeiro Junior e Navita

"Escolha empresas que ofereçam suporte em vários idiomas, para os casos de organizações multinacionais...."

---

[1] Este guia, criado por João Carlos da Cunha Cordeiro Junior, foi gentilmente cedido pela empresa Navita.

Visão geral

Administre com eficiência e organização parques híbridos de dispositivos.

Com a grande quantidade de modelos de smartphones existentes no mercado e as inúmeras ofertas de pacotes de dados e voz oferecidas pelas operadoras, cada vez mais as empresas estão adotando parques híbridos de dispositivos. Em uma abordagem de redução de custos, esta política torna-se interessante para as organizações, pois quanto mais ofertas no mercado, melhor o preço dos aparelhos.

Por outro lado, parques híbridos requerem soluções de gerenciamento de dispositivos multiplataforma que, dependendo do modelo de gestão, podem resultar em diversos problemas para os administradores de TI e as estratégias de mobilidade de aplicativos.

Uma alternativa é relacionar as necessidades dos usuários e administradores de TI antes de adquirir os smartphones. Se isso não for possível, pois na maioria das vezes as estratégias de aquisição não caminham ao lado das políticas de gestão de TI, adote soluções compatíveis com o seu parque. Se a estratégia é mobilizar aplicativos, padronize. Esta prática evita que as equipes de desenvolvimento tenham de lançar uma quantidade enorme de *releases*, pois seus aplicativos precisarão de uma versão para cada sistema operacional existente (Symbiam, iPhone, Android, BlackBerry, Windows Phone e outros).

E-mail e PIM (Personal Information Management)

Sincronize e-mails, contatos, calendários e tarefas de forma segura.

Atualmente, a maioria dos dispositivos possui opções embarcadas para sincronização de e-mail e PIM por meio dos protocolos IMAP e POP3. Um dos inconvenientes desta prática está na segurança, pois as informações trafegadas entre os dispositivos e o servidor de mensagens não são criptografadas, podendo resultar em ameaças à rede corporativa.

Além da segurança, o desempenho também pode ser um problema para os profissionais em campo, pois estas soluções não oferecem serviços de compactação e descompactação de dados, o que pode tornar bastante lento o tráfego de mensagens e aumentar os custos de telefonia em casos de dispositivos em roaming.

Adote uma solução que utilize protocolos inteligentes para a comunicação entre o servidor e o dispositivo, que otimize o consumo de bateria do aparelho e ofereça integração com as principais ferramentas de serviço de mensagens, como Microsoft Exchange e Lotus Domino, sem ferir as políticas de segurança da organização. A solução também deve oferecer recursos de criptografia de dados com algoritmos confiáveis, como Triple DES, e técnicas de compactação, que reduzam o tráfego de dados entre o servidor e o dispositivo.

Segurança

Mantenha seguro o ambiente de mobilidade corporativa.

Com a proliferação de tecnologias, como a implementação de aplicativos móveis, comércio eletrônico e mobile banking, é comum haver ataques aos smartphones, colocando em risco todo o ambiente corporativo.

Utilize uma solução de MDM que ofereça recursos de segurança, como a instalação de antivírus nos dispositivos, definições de regras de firewall, criptografia de dados *end-to-end*, e garanta que a utilização dos aparelhos esteja compatível com as políticas de segurança da empresa.

Para os casos de dispositivos perdidos ou roubados, a solução deve oferecer recursos de bloqueio e limpeza remota, além de um serviço que possibilite o envio de mensagens aos smartphones, garantindo proteção e confidencialidade dos dados corporativos. As funções de backup e *restore* de dados também são fundamentais e facilitam as trocas de aparelhos, evitando que os usuários que tiverem seus dispositivos perdidos ou roubados tenham de efetuar manualmente toda a configuração do seu perfil novamente.

Aplicações

Gerencie as aplicações dos dispositivos via wireless.

No mundo corporativo, grande parte dos aplicativos instalados nos smartphones não é controlada pelos administradores de TI e não está compatível com as políticas de software da empresa. Além disso, os processos de implantação de aplicativos corporativos são bem complexos e, geralmente, não atendem às expectativas dos departamentos de TI.

Escolha uma solução que possibilite a implantação/remoção de aplicativos em larga escala (Over The Air) e que possua recursos para implantação automática de aplicações, como atualização de sistemas operacionais, antivírus e aplicativos corporativos, garantindo que os profissionais em campo sempre tenham suas aplicações atualizadas e funcionando perfeitamente.

A solução adotada deve oferecer recursos otimizados para instalação de aplicações, que gerenciem as capacidades de disco e memória do dispositivo e permitam que os pacotes de dados sejam entregues em horários predefinidos, evitando problemas de desempenho aos usuários dos smartphones.

Configure políticas que restrinjam a utilização de aplicações incompatíveis com as políticas de software da organização (*black* e *white list*) e que atuem de forma proativa na correção de problemas, identificando arquivos corrompidos e evitando que os dispositivos sejam entregues aos administradores para manutenção.

Administre e controle as licenças dos softwares, instalados nos dispositivos, e utilize recursos que alertem os administradores de TI quando elas expirarem.

Inventário

Gerencie o inventário dos dispositivos.

Por muitas empresas ainda considerarem os smartphones como benefícios aos colaboradores, são raros os casos de organizações que controlam o inventário completo do seu ambiente de mobilidade.

Adote uma ferramenta que possua recursos avançados de gestão de inventário, que informe quantos dispositivos móveis existem na organização, incluindo informações como modelo e marca, sistema operacional e aplicativos instalados, além de identificar o usuário de cada aparelho.

A solução deve oferecer filtros avançados de pesquisa, que permitam aos administradores de TI saberem quais dispositivos requerem atualizações de sistema operacional ou outros aplicativos corporativos, como SAP, PeopleSoft e outros.

Utilize o controle de inventário para ajudar os operadores de TI, durante o suporte aos usuários, a identificar eventuais problemas nos dispositivos, obtendo informações detalhadas de software e hardware, como capacidade de armazenamento de dados, consumo de bateria, memória disponível, versão do sistema operacional e rede utilizada.

Utilize o inventário para saber o tempo de vida útil dos dispositivos e planeje futuras substituições.

Configure políticas que alertem os administradores de TI quando aplicações ou outras configurações são modificadas nos dispositivos e garanta a padronização do ambiente.

Documentos

Disponibilize documentos corporativos aos usuários em campo de forma segura.

Geralmente, os usuários que trabalham em campo necessitam acessar documentos corporativos atualizados como, por exemplo, arquivos Microsoft Word ou planilhas Microsoft Excel.

Compartilhe os documentos corporativos com os smartphones de forma segura, centralizada, e garanta que os usuários em campo tenham acesso às últimas atualizações dos arquivos da empresa, sem comprometer a produtividade do trabalho. Evite cópias de arquivos desatualizadas nos smartphones dos profissionais que trabalham em campo.

Monitoramento

Com o crescimento frenético da mobilidade corporativa, o grande desafio das equipes de suporte e infraestrutura é garantir que todo o ambiente móvel (*end-to-end*) funcione perfeitamente. Alguns temas como usuários fora da área de cobertura, problemas com a rede da operadora ou com a infraestrutura da empresa, podem colocar em risco o funcionamento do ambiente e causar uma impressão negativa nos usuários em relação aos serviços prestados.

Adote uma solução de MDM com recursos de monitoramento proativo do ambiente, que alertem os administradores de TI sobre eventuais problemas antes que eles impactem os usuários.

A solução deve possuir mecanismos que avaliem a comunicação entre os dispositivos e os servidores de mensagens, mediante interfaces visuais, que informem aos administradores de TI o tempo de conexão e identifiquem os usuários com problemas de indisponibilidade no serviço de e-mail/PIM.

Analise a saúde do ambiente por meio de relatórios que informem o total de usuários conectados ao servidor de mensagens, aqueles que mais enviam e recebem mensagens e os que estão fora da área de cobertura.

Monitore também os aplicativos corporativos e alerte os administradores de TI quando houver problemas de conexão com o banco de dados, tráfego de rede ou outros problemas de infraestrutura forem identificados.

Configure eventos de alertas e os usuários que serão avisados, garantindo que os problemas sejam rapidamente identificados e corrigidos de forma proativa.

Configuração

Configure remotamente os recursos de software e hardware dos dispositivos.

Algumas definições de software e hardware dos dispositivos, como perfis de conexão de rede ou parâmetros de utilização de aplicativos, quando não configuradas de maneira adequada, podem comprometer a produtividade dos profissionais em campo.

Escolha uma solução de MDM que ofereça recursos para configuração remota dos dispositivos e permita que os colaboradores foquem em suas atividades, sem gastar tempo em questões técnicas dos aparelhos.

Configure políticas de acesso à internet, que localize pontos de redes locais (Wi-Fi zone), antes de utilizar os planos de dados contratados e otimize os custos de telefonia.

A solução deve oferecer mecanismos que permitam a execução de configurações de parâmetros específicos para sincronização de e-mail e PIM, utilização de proxy para os navegadores de Web, habilitação de recursos como GPS, câmeras fotográficas e os dias e horários em que os dispositivos podem ser utilizados.

Os comandos devem ser enviados aos smartphones em horários predefinidos, de forma que não comprometa o desempenho dos aparelhos e a produtividade do trabalho.

A solução deve possuir um instrumento para acesso remoto (*on-line*) ao dispositivo, que auxilie as equipes de suporte na resolução de problemas críticos, melhorando cada vez mais a percepção dos usuários em relação ao serviço utilizado.

Padronize as configurações e obtenha controle total sobre os dispositivos corporativos.

Logística de reparos

Ofereça dispositivos backups aos usuários em caso de quebra, perda ou roubo.

Com o advento do mercado de mobilidade, cada vez mais as empresas utilizam seus smartphones como instrumentos imprescindíveis para o trabalho dos profissionais em campo.

Ofereça aos seus usuários um serviço de substituição de dispositivos em caso de quebra, perda ou roubo, incluindo logística de transporte de aparelhos e parceria com assistência técnica credenciada, e garanta que a produtividade dos trabalhadores em campo não seja comprometida.

Uma boa estratégia é contratar empresas especializadas neste segmento que ofereçam suporte às plataformas mais populares do mercado (Symbiam, BlackBerry, iPhone, Android, Windows Phone) e que possuam modelos eficientes de automação com entregadoras para agilizar o processo de coleta e entrega de aparelhos, oferecendo confiança e rastreabilidade aos usuários.

Outro ponto importante é o controle de qualidade dos serviços prestados. Escolha empresas que possuam parcerias com assistências técnicas certificadas por órgãos de qualidade, que respeitem níveis acordados de

SLAs na prestação do serviço e ofereçam relatórios mensais que contenham os detalhes da operação.

O serviço deve oferecer parcerias com empresas sustentáveis, que possuam processos de reciclagem de materiais certificados por órgãos ambientais.

Mantenha estoques de dispositivos por plataforma e garanta que seus usuários não fiquem sem os smartphones.

Trabalhe com modelos de manutenção proativa e evite que seus clientes sejam impactados pela falta do aparelho.

Exija que o serviço contratado forneça um relatório de faturamento simplificado que informe, de maneira clara, as despesas com reparos e custos com transportadoras.

Suporte

Ofereça suporte diferenciado aos usuários finais e ao ambiente de mobilidade.

Além do desafio de monitorar o ambiente de mobilidade de forma proativa e evitar que eventuais problemas coloquem em risco a operação, os administradores de TI precisam oferecer suporte aos usuários finais e garantir a qualidade do serviço prestado. Como na maioria dos casos, esse serviço de suporte requer conhecimentos específicos sobre mobilidade e, se não fizer parte do *core business* da organização, a melhor estratégia é contratar empresas especializadas, que ofereçam níveis de atendimento diferenciados de acordo com o grau de criticidade do problema, e assegure que todo o ambiente funcione perfeitamente, além de planejar a arquitetura e a instalação da solução de MDM.

Escolha empresas que ofereçam suporte em vários idiomas, para os casos de organizações multinacionais, e que possuam profissionais certificados na solução de MDM adotada.

Solicite que o serviço seja executado em formato 24×7, garantindo que a operação não seja prejudicada em horários alternativos, e que a empresa possua parcerias firmadas com os fabricantes da solução de MDM escolhida. Isso otimizará bastante os prazos para resolução de problemas.

O fornecedor do serviço deve oferecer relatórios mensais para acompanhamento da operação e garantir que o ambiente seja frequentemente atualizado com novas versões e monitorado de forma proativa.

TEM – *Telecom Expense Management*

Gerencie e controle os custos com planos de dados e voz.

Com o volume de smartphones corporativos crescendo, fica cada vez mais difícil controlar e otimizar os investimentos em planos de dados, voz e mensagens, resultando muitas vezes em fracassos nas estratégias de mobilidade.

Uma boa opção para gerenciar a utilização dos dispositivos é contratar empresas especializadas em TEM (*Telecom Expense Management* – Gerenciamento de custos de telecom), que ofereçam integração com o controle de inventário da solução de MDM adotada e que possuam ferramentas que permitam configurar políticas de utilização dos recursos de telefonia e dados do dispositivo.

Restrinja a utilização dos recursos por grupos de usuários e alerte os administradores quando esses limites forem ultrapassados. Configure regras para detecção de roaming que alertem os administradores e permitam que recursos do dispositivo sejam desabilitados automaticamente, evitando aumento de custos com acesso a dados.

Monitore a utilização dos recursos (telefonia, dados e mensagens) por meio de relatórios, identifique os usuários com gastos extras e planeje mudanças nos contratos com as operadoras.

Índice Remissivo

API (Aplication Programming Interfaces), 8, 28

Aplicativos móveis 5
    corporativos, 7
    estratégias, 106
    lojas on-line, 14
    para consumidores, 12
    plataformas, 20
    segurança e ameaças, 18

BlackBerry, dispositivos, 32

Bloqueio de
    câmera, 48
    bluetooth, 48
    browser, 48
    GPS, 49
    Wi-Fi, 48

ERP (Enterprise Resource Planing), 8

Estratégias para mobilidade, 107
    free apps, campanhas via, 25
    Mobile advertisement, 28
    Mobile marketing, 24
    SMS, 24

MDM – Mobile Device Management, 31
    Ambiente social da mobilidade, 42
    Ambiente de mobilidade, mapeamentos, 39
      de ecossistema, 39
      do nível de gestão necessário, 41
      das operadoras, 40
      de softwares, 40
      do suporte disponível, 41
Acesso remoto ao dispositivo, 49
Aplicações, 125
Atualização baseada em eventos, 52
Atualização em background, 52
Boas práticas de, 123
Byod (bring your own device) 41
Ciclo de vida de dispositivos móveis, 49
Configurações
    default, 53
    baseadas em grupo, 53
    baseadas em expressão LDAP, 53
    baseadas em tipos de dispositivos, 54
    baseadas em usuários, 54
Controle de aplicativos nativos, 54
Controle de inventário, 70
Documentos, 127
E-mail e PIM (Personal Information Management), 124
Estratégia, MDM, 112
Ferramentas MDM, como avaliar, 76
Funcionalidades básicas MDM, 76
Gerenciamento de aplicativos, 50
    aplicativos OTA (Over The Air), 50, 51
    Lista branca, 51
    Lista negra, 51
Gerenciamento
    de aplicativos móveis, 77
    de configurações, 77

Gestão dos serviços móveis, 44
    Backup remoto, 46
    Bloqueio de dispositivo, 46
    Criptografia, 48
    Envio de mensagens, 47
    Forçar o uso de senha, 47
    Segurança, 45
Implantação automática, 52
Infraestrutura e modelo comercial, 78
Inventário, 79
Logística de reparos, 80, 129
Monitoração ativa, 68
Monitoramento, 80, 127
Perfis de conexão de rede, configurações, 54
    de e-mail, VPN, Wi-Fi e bluetooth, 54
    de certificados, 55
    de câmera, 55
    de políticas de TI, 55
    de proxy para acesso à internet, 55
    Aplicação remota de configurações com base em perfis, 56
Quesitos de serviços, 81
Rastreamento de dispositivos, 56, 78
Recursos de segurança, 76
Segurança, 125
Suporte, 130
Suporte à mobilidade, terceirização, 61
Suporte à mobilidade, terceirização do segundo nível, 62
Suporte à mobilidade 100% interno, 63
Troca de senha remota, 47

TEM – Telecom Expense Management, 83
    definição de custos por perfil de profissional, falta de, 86
    estratégia, 114
    gastos da empresa, falta de conhecimento pelos gestores, 87
    operadoras sem critérios orientados para custos, contratação de, 87
    planos para usuários, escolha errada, 86
    serviços desnecessários, compra de pacotes de, 86
    Negociação com operadoras, 101
        cobranças indevidas, recuperação de, 87
        contratos, renegociação, 88
        cotas ideais, 97
        Gestão do uso, 97
        gastos em tempo real, 100
        telefonia fixa, o risco do impacto, 103

União Internacional de Telecomunicações (IUT), xix

nosso trabalho para atendê-lo(la) melhor e aos outros leitores.
Por favor, preencha o formulário abaixo e envie pelos correios ou acesse www.elsevier.com.br/cartaoresposta. Agradecemos sua colaboração.

Seu nome: _____

Sexo: ☐ Feminino ☐ Masculino   CPF: _____

Endereço: _____

E-mail: _____

Curso ou Profissão: _____

Ano/Período em que estuda: _____

Livro adquirido e autor: _____

Como conheceu o livro?

☐ Mala direta   ☐ E-mail da Campus/Elsevier
☐ Recomendação de amigo   ☐ Anúncio (onde?) _____
☐ Recomendação de professor
☐ Site (qual?) _____   ☐ Resenha em jornal, revista ou blog
☐ Evento (qual?) _____   ☐ Outros (quais?) _____

Onde costuma comprar livros?

☐ Internet. Quais sites? _____
☐ Livrarias   ☐ Feiras e eventos   ☐ Mala direta

☐ Quero receber informações e ofertas especiais sobre livros da Campus/Elsevier e Parceiros.

Siga-nos no twitter @CampusElsevier

Cartão Resposta
050120048-7/2003-DR/RJ
Elsevier Editora Ltda
······CORREIOS······

ELSEVIER

SAC | 0800 026 53 40
ELSEVIER | sac@elsevier.com.br

CARTÃO RESPOSTA
Não é necessário selar

O SELO SERÁ PAGO POR
Elsevier Editora Ltda

20299-999 - Rio de Janeiro - RJ

Qual(is) o(s) conteúdo(s) de seu interesse?

Concursos
- [ ] Administração Pública e Orçamento
- [ ] Arquivologia
- [ ] Atualidades
- [ ] Ciências Exatas
- [ ] Contabilidade
- [ ] Direito e Legislação
- [ ] Economia
- [ ] Educação Física
- [ ] Engenharia
- [ ] Física
- [ ] Gestão de Pessoas
- [ ] Informática
- [ ] Língua Portuguesa
- [ ] Línguas Estrangeiras
- [ ] Saúde
- [ ] Sistema Financeiro e Bancário
- [ ] Técnicas de Estudo e Motivação
- [ ] Todas as Áreas
- [ ] Outros (quais?)

Educação & Referência
- [ ] Comportamento
- [ ] Desenvolvimento Sustentável
- [ ] Dicionários e Enciclopédias
- [ ] Divulgação Científica
- [ ] Educação Familiar
- [ ] Finanças Pessoais
- [ ] Idiomas
- [ ] Interesse Geral
- [ ] Motivação
- [ ] Qualidade de Vida
- [ ] Sociedade e Política

Jurídicos
- [ ] Direito e Processo do Trabalho/Previdenciário
- [ ] Direito Processual Civil
- [ ] Direito e Processo Penal
- [ ] Direito Administrativo
- [ ] Direito Constitucional
- [ ] Direito Civil
- [ ] Direito Empresarial
- [ ] Direito Econômico e Concorrencial
- [ ] Direito do Consumidor
- [ ] Linguagem Jurídica/Argumentação/Monografia
- [ ] Direito Ambiental
- [ ] Filosofia e Teoria do Direito/Ética
- [ ] Direito Internacional
- [ ] História e Introdução ao Direito
- [ ] Sociologia Jurídica
- [ ] Todas as Áreas

Media Technology
- [ ] Animação e Computação Gráfica
- [ ] Áudio
- [ ] Filme e Vídeo
- [ ] Fotografia
- [ ] Jogos
- [ ] Multimídia e Web

Negócios
- [ ] Administração/Gestão Empresarial
- [ ] Biografias
- [ ] Carreira e Liderança Empresariais
- [ ] E-business
- [ ] Estratégia
- [ ] Light Business
- [ ] Marketing/Vendas
- [ ] RH/Gestão de Pessoas
- [ ] Tecnologia

Universitários
- [ ] Administração
- [ ] Ciências Políticas
- [ ] Computação
- [ ] Comunicação
- [ ] Economia
- [ ] Engenharia
- [ ] Estatística
- [ ] Finanças
- [ ] Física
- [ ] História
- [ ] Psicologia
- [ ] Relações Internacionais
- [ ] Turismo

Áreas da Saúde
- [ ]

Outras áreas (quais?): _____

Tem algum comentário sobre este livro que deseja compartilhar conosco?

Atenção: